房屋查验与检测

中国建筑学会建筑经济分会全国房地产经营与估价专业工作委员会　组编

中国建筑工业出版社

图书在版编目(CIP)数据

房屋查验与检测/中国建筑学会建筑经济分会全国
房地产经营与估价专业工作委员会组编. —北京：中
国建筑工业出版社，2014.10（2023.8重印）
 ISBN 978-7-112-17283-2

Ⅰ.①房…　Ⅱ.①中…　Ⅲ.①住宅-工程质量-工程
验收　Ⅳ.①TU712

中国版本图书馆 CIP 数据核字(2014)第 217767 号

　　《房屋查验与检测》是根据中国建筑学会建筑经济分会制定的《验房师职业标准》、《验房师培训大纲》并结合我国验房企业的实践经验编写而成的，是培养我国验房师的专用培训教材。全书根据最新验房行业动态和最新房屋查验与检测知识，系统安排了房屋查验内容、房屋查验程序、房屋质量评价标准、房屋状况评价标准、房屋装修材料评价标准、房屋规划评价标准、房屋环境评价标准、房屋查验规范、房屋实地查验方法及验房工具使用、验房报告及其规范格式等十个方面内容，理论性和实战性强。

　　本书不仅可作为房地产经营与估价、工程造价、工程管理、建筑技术、市政工程、物业管理、项目管理、装饰工程等相关专业的实战教材，亦可作为验房企业以及工作职责须兼具验房技能与基础的相关专业公司（如监理公司、装潢公司、房地产营销公司、房地产经纪公司等）的从业人员验房资格证书考试用书，还是从业人员必备的工具型实践参考图书和职业提升的实用读本。

责任编辑：郦锁林　毕凤鸣
责任设计：董建平
责任校对：李欣慰　党　蕾

房屋查验与检测
中国建筑学会建筑经济分会全国房地产经营与估价专业工作委员会　组编

*

中国建筑工业出版社出版、发行（北京西郊百万庄）
各地新华书店、建筑书店经销
北京科地亚盟排版公司制版
建工社（河北）印刷有限公司印刷

*

开本：787×1092 毫米　1/16　印张：7¾　字数：187 千字
2014 年 9 月第一版　　2023 年 8 月第九次印刷
定价：**22.00** 元
ISBN 978-7-112-17283-2
(26060)

编　委　会

主　　审：易冰源

主　　编：梁　慷　陈林杰

副 主 编：丁　渤　陆建民　陈　浮　樊　群

参编人员：全国验房师专家组成员

前 言

随着我国房地产市场的发展和住房交易向"品质化"转型，房屋验收需求激增，验房专业人才在数量、质量上已经不能满足市场需要，迫切需要培训大量专业化的验房职业技术人才。为充分发挥中国建筑学会建筑经济分会在专项领域、专家人才、科教组织等方面的优势，更好地服务我国房地产行业的发展，我会由房地产经营与估价专业委员会牵头，组织编写了验房师培训教材《房屋查验与检测》，正式启动了验房师培训工作。参与编写的人员有行业企业专家，高职院校教师。主要参与编写的院校与教师如下：

南京工业职业技术学院：陈林杰、梁慷、樊群、王兴吉、丁以喜

重庆房地产职业学院：周正辉、赵本宇、李本里、费文美

四川建筑职业技术学院：李涛、牛东霞、向小玲、裴玮、易忠诚

湖南交通职业技术学院：曾健如、王安华、夏睿、左根林、朱小艳、舒菁英、雷云梅

杭州科技职业技术学院：田明刚、刘永胜、黄健德、吕正辉

重庆建筑工程职业学院：李科成、康媛媛、全利

重庆工商职业学院：冯力、李娇、刘波

山东城市建设职业学院：王园园、吴莉莉、吴涛

福建船政交通职业学院：李海燕、周莉、任颖卿

包头职业技术学院：王晓辉、高为民、靳晶晶

江苏食品药品职业技术学院：罗冲、郑洪成、朱晓庆

重庆能源职业学院：许欢欢

扬州职业大学：蒋丽、易飞

江苏城乡建设职业学院：蒋英、裴国忠

江苏建筑职业技术学院：于永建

无锡城市职业技术学院：蔡倩、郭晟

南通职业大学：王志磊

徐州工业职业技术学院：戎晓红

苏州工业园区服务外包职业学院：刘雅婧、刘春

连云港职业技术学院：仝彩霞

宁夏建设职业技术学院：王永洁

乐山职业技术学院：武会玲

乌海职业技术学院：薛文婷

大连职业技术学院：栗建

大连海洋大学应用技术学院：佟世炜

义乌工商职业技术学院：陈小平、徐燕君

北海职业学院：黄国全

河北政法职业学院：武小欣
陕西工业职业技术学院：田颖
陕西工商职业学院：王明霞
安徽财贸职业学院：何衡
山西省财贸职业技术学院：闫晶
厦门南洋职业学院：谭心燕
湖北科技职业学院：袁伟伟
贵州省电子工业学校：何兴军

　　房地产行业是快速发展的行业，验房行业又是一个新兴行业，编出一部指导实践的培训教材是很困难的。虽然编者已经做了许多努力，并采用了最新的规范和标准，力图使《房屋查验与检测》做得更好，但限于编者的能力和水平，教材中的缺点和错误在所难免，敬请各位同行、专家和广大读者批评指正，以使培训教材日臻完善。在本书即将出版之际，感谢各位编写人员，感谢丁渤验房公司、驰正验房公司等知名验房企业的大力支持，感谢国家住宅与居住环境工程技术研究中心领导以及中国建筑工业出版社领导和编辑的大力支持。

　　本书在成书过程中，参阅了大量的文献资料、网络资料和著作，由于时间仓促及作者地址不详，无法一一取得联系。望作者见书后及时与我们联系，以便支付稿酬。在此也感谢您们提供了丰富的房屋查验相关资料。联系方式：njlk88@yeah.net。

　　中国建筑经济网 http://www.coneco.com.cn

　　中国建筑学会建筑经济分会全国房地产经营与估价专业委员会 QQ 群 282379766。

中国建筑学会建筑经济分会

全国房地产经营与估价专业委员会

2014 年 08 月于北京

目　　录

第一篇　验房师基本理论知识

第二篇　验房师实务

第一篇 验房师基本理论知识

1 房屋查验内容

1.1 房屋查验的范围

房屋性状，又称房屋状况或房屋情况，是指在房屋查验时点上，房屋的质量及功能状况。而房屋性状查验，就是对房屋当前的状况进行检查，看哪些部分或设备已经损坏，降低了质量水平，全部或部分丧失了原设计功能。因此，在房屋性状查验过程中，验房师首先要明确原有住房的设计标准，质量达到的水平和各房屋组件功能的设置情况。然后，将标准和现实情况进行比较，确认房屋的当前状况，对需要维修或维护的房屋构件提出相应建议。应该说，不同的房屋查验内容对应着不同的质量规范、评价标准和整体判断。所以，明确验房业务及主要内容，既有助于提高验房业务本身的规范性和统一性，也有助于顾客明晰验房师能够发现及解决的问题，从而给予足够的配合。

验房师验房的内容是指在验房师专业知识、技术工具和可达范围之内对房屋性状及质量进行检测与判断。在发达国家，验房师的常规行为，并非只在新房交付或二手房交易的时候才会发生。普通消费者会定期或房子住久了，感觉上需要维护一下的时候，都会找专业验房师对房屋性状进行查验。因为房子使用久了就会老化，某些设备及零部件就容易出问题。

所以，在发达国家请验房师验房几乎都是出于保养房屋的需要，而并非如我国的老百姓请验房师多为作为和开发商理论的证据。因此，我国和发达国家验房业的很大区别在于，发达国家验房师出具的验房报告大都不具法律效力，不是能够作为证据的查验材料；而在我国，大多数消费者都将验房报告视为消费者自己请人出具的第三方房屋质量鉴定书，凭此文件是可以作为判定开发商建筑房屋质量不合格的依据的。

验房业务是验房的主要工作，也就是房屋查验过程中查什么，怎么查，以及如何评定房屋性状的过程和环节。在发达国家，由于有行业协会的指导，因此对于房屋查验的内容是有明确界定的；对于查验的方式、标准和评价准则也有固定的要求和规范。但是，在我国，由于验房业务还处于起步阶段，验房行为主要取决于顾客需求，因此对于房屋查验的内容并不统一，有的是对房屋从里到外地仔细检查，有的只是对看得见的部位进行查验，还有的查验内容还包括了某些隐蔽工程。

因此，我国房屋查验的主要部位及业务范围的确定要符合发达国家在验房工作中积累的实际经验，符合我国房屋建筑的主要特色，符合我国目前居民的居住习惯以及与房屋质量、施工工艺、使用功能有关的法律法规和技术规程。

验房手段是通过视觉上的观察和一般性的操作，并借助于一些仪器设备，对房屋各主要系统及其构件（主要指可接近、可操作的部分）的当前状况进行评估。也就是说，验房师主要凭借经验和所受的专业训练，并借助于一些仪器设备，通过表面现象来判断其本质。

房屋查验的主要原则有：

（1）可视性。即房屋查验的主要部位都是视力能够达到的范围或暴露在整个框架结构之外的房屋组成部分。

（2）可达性。即验房师自己或借助其他工具（如梯子、板凳等）后身体能够触及的房屋部分。

（3）可辨别性。即在验房师查验的内容中，主要包括那些可以辨别优劣、好坏及性能高低的房屋组成部位。

（4）可维护性。即验房师查验的房屋组成部分，一般都是如果存在问题，经过维护就可以恢复原状或达到原有使用功能的。

（5）安全性。即房屋查验要保证验房师及客户的人身安全。

1.2　房屋查验的部位

不同的房屋查验内容对应着不同的质量规范、评价标准和整体判断。

通过广泛借鉴与综合归纳，确定了我国验房师房屋查验的主要部位及业务范围，顾客与验房人员可在这些内容范围内，结合房屋实地查验的范围与标准进行确认具体的查验项目。

依据此内容及标准，验房人员的验房工作也被置于一个明确的、可控制的作业范围之内。验房人员必须无遗漏地对所列内容进行查验。而且，依据此内容及标准，顾客的需求也应被置于一个明确的、可控制的范围之内。顾客可以据此检查验房人员的验房作业；在明确查验内容的基础上，顾客不应当提出本规定之外的验房要求，对验房的标准也不应超越本规定。

适合我国房屋结构的查验部位有 11 个，包括室外、地面、墙面、顶棚、结构、门窗、电气、给水排水、暖通、附属间和其他。

其中，室外主要包括围护结构、地面、墙面、屋顶和细部五个部分；地面包括装饰和防水两个部分；墙面包括装饰和细部两个部分；顶棚包括直接式和悬吊式两种类型；结构包括柱、梁、板三个部位；门窗主要按材料和围护结构进行划分；电气主要指用电设备；给水排水包括供水、排水和盥洗设备；暖通包括采暖、通风、空气调节这三个方面；附属间主要指储藏室、地下室、车库、夹层和阁楼；其他部位包括厨房设备、室内围护、室内楼梯、阳台、走廊和壁炉。

1.3　室外

室外主要指位于整个房屋房间之外的部分，含楼宇建筑外墙之外的房屋有效组成部分，包括围护结构、地面、墙面、屋顶和细部五个部分（表 1-1）。

围护结构指建筑及房间各面的围挡物，如围栏围护、防盗网、墙围护等，能够有效地抵御不利环境的影响。

地面指建筑物周围地表的铺筑层，包括路面、草坪、管线和台阶。

墙面是指室外装饰性墙体表面，按照材料的不同有许多分类，常见的有清水砖墙、外墙饰面砖、外墙涂料和玻璃幕墙。

屋顶是房屋或构筑物外部的顶盖，包括屋面以及在墙或其他支撑物以上用以支承屋面的一切必要材料和构造，主要包括防水、屋檐、烟囱、通风和女儿墙。

细部是房屋室外除上述主要组成构件以外的零星部件，包括水管、散水、明沟、勒脚、外窗台、雨篷和门斗。

房屋查验内容之一：室外 表 1-1

大类标记	名　　称	属　类	名　　称	小　类	名　　称	内容及评价标准
SW	室外	SW-1	围护结构	SW-1-1	围栏围护	围栏围护是否完好无损
				SW-1-2	防盗网	防盗网是否完好
				SW-1-3	墙围护	砖墙围护是否完好，墙面平整
		SW-2	地面	SW-2-1	路面	路面是否无明显坑洼，有足够承载力，路面平整
				SW-2-2	草坪	草坪完整
				SW-2-3	管线	管线有无渗漏、生锈、破裂等现象，管线铺设是否安全可靠
				SW-2-4	台阶	台阶表面是否平整、无缺角、塌陷等现象
		SW-3	墙面	SW-3-1	清水砖墙	①横竖缝接槎不平；②门窗框周围塞灰不严；③缝子深浅不一致；④漏勾缝：勒脚、腰檐、过梁上第一皮砖及门窗旁砖墙侧面等部位经常漏勾缝
				SW-3-2	外墙饰面砖	①外墙饰面砖的拼装、规格、颜色、图案是否美观、一致，无变色、泛碱和明显的光泽受损；②外墙饰面砖是否粘贴牢固，不能出现空鼓现象；③外墙饰面砖墙面是否平整、洁净、无歪斜、缺角和明显裂缝
				SW-3-3	外墙涂料	①颜色是否连续、一致；②有无特殊气味
				SW-3-4	玻璃幕墙	①幕墙是否干净、整洁；②颜色是否连续、一致；③有无裂缝、歪斜、缺角、透风、污浊等现象
		SW-4	屋顶	SW-4-1	防水	屋顶防水铺设是否合理、全面；有无明显缺少、厚度不均等现象
				SW-4-2	屋檐	屋檐是否整齐美观；没有缺瓦、褪色和檐口参差不齐等现象
				SW-4-3	烟囱	烟囱外表有无明显裂缝；烟囱与房屋接口处有无跑烟现象；烟囱口是否有阻塞物等
				SW-4-4	通风	通风管道是否有效；无阻塞物
				SW-4-5	女儿墙	墙面是否平整；无明显断裂、裂缝等

大类标记	名 称	属 类	名 称	小 类	名 称	内容及评价标准
SW	室外	SW-5	细部	SW-5-1	水管	水管铺设是否安全可靠；无渗漏、生锈、裂缝等
				SW-5-2	散水	散水是否平整；无裂缝、断裂等（人工伸缩缝除外）
				SW-5-3	明沟	明沟有无阻塞
				SW-5-4	勒脚	勒脚有无裂缝、错位；勒脚表面是否平整、色调一致
				SW-5-5	外窗台	外窗台有无裂缝、缺角等
				SW-5-6	雨篷	雨篷有无漏水现象
				SW-5-7	门斗	门斗有无缺角、开裂等

1.4 地面

地面主要指房屋内部的地面和楼面，地面是指建筑物底层的地坪，主要作用是承受人、家具等荷载，并把这些荷载均匀地传给地基。常见的地面由面层、垫层和基层构成。对有特殊要求的地坪，通常在面层与垫层之间增设一些附加层。

地面的名称通常以面层使用的材料来命名。例如，面层为水泥砂浆的，称为水泥砂浆地面，简称水泥地面；面层为水磨石的，称为水磨石地面。按照面层使用的材料和施工方式，地面分为以下几类：（1）整体类地面，包括水泥砂浆地面、细石混凝土地面和水磨石地面等。（2）块材类地面，包括普通黏土砖、大阶砖、水泥花砖、缸砖、陶瓷地砖、陶瓷锦砖、人造石板、天然石板以及木地面等。（3）卷材类地面，常见的有塑料地面、橡胶毡地面以及无纺织地毡地面等。（4）涂料类地面。

因此，参考国内大多数房屋建筑及装修内容，可将地面查验分成两个部分，即按照装饰成分分为水泥地面、地砖地面和地板地面；按照防水性能主要检查地面防水情况（表1-2）。

房屋查验内容之二：地面 表1-2

大类标记	名 称	属 类	名 称	小 类	名 称	内容及评价标准
DM	地面	DM-1	装饰	DM-1-1	水泥地面	地面的标高、坡度、厚度必须符合设计要求，表面平整、坚硬、高度一致、密实、清净、干燥，不得有麻面、起砂、裂缝等缺陷
				DM-1-2	地砖地面	地面各地砖之间的缝隙是否均匀平整；各地砖高低是否一致，有无空鼓、裂缝现象；地砖色泽是否均匀一致
				DM-1-3	地板地面	地面是否平整、牢固、干燥、清洁、无污染；铺设地板基层所用木龙骨、毛地板、垫木安装是否牢固、平直；查看房屋边角处地板是否无褶皱、凸起等；地板是否不透水
		DM-2	防水	DM-2-1	地面防水	地面防水是否有效

1.5 墙面

墙面主要指室内墙体的维护与装修。现代室内时尚墙面运用色彩、质感的变化来美化室内环境、调节照度，选择各种具有易清洁和良好物理性能的材料，以满足多方面的使用功能。墙体主要有下列四个作用：（1）承重作用。承受屋顶、楼板传下来的荷载。（2）围护作用。抵御自然界风、雨、雪等的侵袭，防止太阳辐射和噪声的干扰等。（3）分隔作用。把建筑物的内部分隔成若干个小空间。（4）装饰作用。墙面装修对整个建筑物的装修效果作用很大，是建筑装修的重要部分。

墙体应满足下列基本要求：（1）具有足够的强度和稳定性。（2）满足热工方面（保温、隔热、防止产生凝结水）的性能。（3）具有一定的隔声性能。（4）具有一定的防火性能。

墙面按照装修不同和细部构造也分成两块内容，其中，墙面装饰是按照不同装修材料对墙面进行的维护和美化，包括抹灰墙面、涂料墙面、裱糊墙面和块材墙面。细部构造指除主要墙面装饰外零星部位的装饰，包括踢脚线、墙裙和功能孔（表1-3）。

房屋查验内容之三：墙面 表1-3

大类标记	名 称	属 类	名 称	小 类	名 称	内容及评价标准
QM	墙面	QM-1	装饰	QM-1-1	抹灰墙面	抹灰工程的面层，不得有爆灰和裂缝；各抹灰层之间及抹灰层和基体之间应粘接牢固，不得有脱层、空鼓；抹灰层表面光滑、洁净，接槎平整，立面垂直，阴阳角垂直方正，灰线清晰顺直。墙面线盒、插座、检修口等的位置是否按照设计要求布置，墙饰面与电气、检修口周围是否交接严密、吻合、无缝隙；电气面板宜与墙面顺色
				QM-1-2	涂料墙面	是否出现涂料凸起、霉斑、涂层脱落、泛黄等现象
				QM-1-3	裱糊墙面	壁纸连接处是否有明显缝隙；壁纸表面光滑平整、无褶皱；墙纸是否裱糊牢固，是否整幅裱糊，各幅拼接横平竖直，花纹图案拼接吻合，色泽一致；壁纸表面是否无气泡、空鼓、裂缝、翘边和斑污
				QM-1-4	块材墙面	①块材表面是否光泽亮丽，有无划痕、色斑、漏抛、漏磨、缺边、缺脚等缺陷；②试手感：同一规格产品，质量好，密度高的砖手感都比较沉，反之，质次的产品手感较轻；③敲击瓷砖，若声音浑厚且回音绵长，如敲击发出铜钟之声，则瓷化程度高，耐磨性强，抗折强度高，吸水率低，不易受污染；若声音混哑，则瓷化程度低（甚至存在裂纹），耐磨性差，抗折强度低，吸水率高，极易受污染

大类标记	名　称	属　类	名　称	小　类	名　称	内容及评价标准
QM	墙面	QM-2	细部	QM-2-1	踢脚线	踢脚线与墙壁连接处是否有明显缝隙、表面光滑平整、无褶皱；颜色均匀一致，无明显色彩上的差异；高度一致
				QM-2-2	墙裙	同上
				QM-2-3	功能孔	通风孔、换气孔、预留孔等是否通透有效；内墙洞口处涂抹均匀，无明显缺角、掉渣现象

1.6　顶棚

顶棚又称天棚、天花板等。在室内是占有人们较大视阈的一个空间界面。其装饰处理对于整个室内装饰效果有较大影响，同时对改善室内物理环境也有显著作用。通常的做法包括喷浆、抹灰、涂料和吊顶等。具体采用要根据房屋功能、要求的外观形式和饰面材料确定。

因此，顶棚按照装饰装修的不同，可以分为直接式和悬吊式两类，直接式是指不在顶棚下面再吊装装饰物，直接通过抹灰等方式进行美化，包括喷刷、抹灰和贴面三种常见类型。而悬吊式则指在顶棚下安装一层饰面层，用以美化顶棚，遮挡线路、灯具接头等，包括吊顶饰面、吊顶龙骨和灯具风扇安装等（表1-4）。

房屋查验内容之四：顶棚 表1-4

大类标记	名　称	属　类	名　称	小　类	名　称	内容及评价标准
TP	天棚	TP-1	直接式	TP-1-1	喷刷	喷刷是否均匀、平整，无明显凸起、褶皱、颜色失衡等
				TP-1-2	抹灰	抹灰工程的面层，不得有爆灰和裂缝；各抹灰层之间及抹灰和基体之间应粘接牢固，不得有脱层、空鼓；抹灰层表面光滑、洁净，接槎平整，立面垂直，阴阳角垂直方正，灰线清晰顺直。墙面线盒、插座、检修门等的位置是否按照设计要求布置，墙饰面与电气、检修口周围是否交接严密、吻合、无缝隙；电气面板宜与墙面顺色
				TP-1-3	贴面	①是否用沉头螺钉与龙骨固定，钉帽沉入板面；②非防锈螺钉的顶帽应作防锈处理，板缝应进行防裂嵌缝，安装双层板时，上下板缝应错开；③罩面板与墙面、窗帘盒、灯槽交接处接缝是否严密、压条顺直、宽窄一致
		TP-2	悬吊式	TP-2-1	吊顶饰面	饰面板表面应平整、边缘整齐、颜色一致；是否存在污染、缺棱、掉角、锤印等缺陷

8

大类标记	名　称	属　类	名　称	小　类	名　称	内容及评价标准
TP	天棚	TP-2	悬吊式	TP-2-2	吊顶龙骨	①吊顶龙骨不得扭曲、变形，木质龙骨无树皮及虫眼，并按规定进行防火和防腐处理；②吊杆布置合理、顺直，金属吊杆和挂件应进行防锈处理，③龙骨安装牢固可靠，四周平顺；④吊顶罩面板与尼骨连接紧密牢固，阴阳角收边方正，起拱正确
				TP-2-3	灯具风扇安装	安装是否牢固，重量大于3kg的灯具或电扇以及其他重量较大的设备，不能安装在龙骨上，应另设吊挂件与结构连接

1.7　结构

结构主要指组成房屋框架的各种构件，一般分为柱、梁和板。其中，柱是承担竖向荷载的构件，将屋顶及各楼板所受的力传递给地基。梁是辅助楼板承受水平荷载的，根据梁的位置不同，又分为主梁、次梁、圈梁和门窗过梁。板主要指楼板，是承受人及家具、设备等外加荷载的构件。

按照我国住房的建筑构造形式，将房屋结构分为柱、梁、板三部分。柱按照组成分为柱面、柱帽和柱基。梁按照类型分为普通梁、过梁、圈梁和挑梁。板又分为楼板和屋面板（表1-5）。

房屋查验内容之五：结构　　　　　　　　　　　　　　　　表1-5

大类标记	名　称	属　类	名　称	小　类	名　称	内容及评价标准
JG	结构	JG-1	柱	JG-1-1	柱面	外露柱面是否光滑整洁，无明显断裂、错位、开裂等
				JG-1-2	柱帽	外露柱帽与柱体连接处有无明显开裂等现象
				JG-1-3	柱基	外露柱基与基础连接处有无明显开裂等现象
		JG-2	梁	JG-2-1	普通梁	①外露梁面是否平整，无明显开裂现象；②外露梁与柱、楼板的搭接处是否完好，无明显裂缝；③外露梁上悬挂设备安装是否牢固
				JG-2-2	过梁	①过梁与门窗洞口接合处有光明显裂缝；②外露过梁表面是否平整
				JG-2-3	圈梁	①圈梁与墙面接合处有无明显裂缝；②外露圈梁表面是否平整
				JG-2-4	挑梁	①外露挑梁是否有明显开裂或裂缝；②外露挑梁表面是否平整
		JG-3	板	JG-3-1	楼板	外露楼板是否有明显开裂或裂缝
				JG-3-2	屋面板	①外露屋面板是否有明显开裂或裂缝；②外露屋面板是否有渗漏现象

1.8 门窗

门的主要作用是交通出入，分隔和联系建筑空间。窗的主要作用是采光、通风及观望。门和窗对建筑物外观及室内装修造型也起着很大作用。门和窗都应造型美观大方、构造坚固耐久、开启灵活、关闭紧严、隔声、隔热。

门一般由门框、门扇、五金等部分组成。按照门使用的材料，分为木门、钢门、铝合金门、塑钢门。按照门开启的方式，分为平开门（又可分为内开门和外开门）、弹簧门、推拉门、转门、折叠门、卷帘门、上翻门和升降门等。按照门的功能，分为防火门、安全门和防盗门等。按照门在建筑物中的位置，分为围墙门、入户门、内门（房间门、厨房门、卫生间门）等。

窗一般由窗框、窗扇、玻璃、五金等组成。按照窗所使用的材料，分为木窗、钢窗、铝合金窗、塑钢窗。按照窗开启的方式，分为平开窗（又可分为内开窗和外开窗）、推拉窗、旋转窗（又可分为横式旋转窗和立式旋转窗。横式旋转窗按转动铰链或转轴位置的不同，又分为上悬窗、中悬窗和下悬窗）、固定窗（仅供采光及眺望，不能通风）。按照窗在建筑物中的位置，分为侧窗和天窗。

按照我国住房建筑的基本样式，将门窗按照材料和围护进行分类。按照材料可以分为木门窗、金属门窗、电动门窗和玻璃；按照围护可以分为纱窗、窗帘盒和内窗台（表1-6）。

房屋查验内容之六：门窗   表 1-6

大类标记	名 称	属 类	名 称	小 类	名 称	内容及评价标准
MC	门窗	MC-1	材料	MC-1-1	木门窗	①木材品种、材质等级、规格、尺寸、框扇的线型是否符合设计要求；②木门窗扇是否安装牢固、开关灵活、关闭严密，无走扇、翘曲现象；③木门窗表面是否洁净，不得有刨痕、锤印；④木门窗的割角拼缝严密平整，框扇裁口顺直、刨面平整；⑤木门窗拔水、盖压条、压缝条、密封条的安装应顺直，与门窗结合应牢固、严密；⑥门窗各把手、插销等是否能够有效使用，各种锁具是否安全可靠
				MC-1-2	金属门窗	①门窗的型材、壁厚是否符合设计要求，所用配件应选用不锈钢或镀锌材质；②门窗安装是否横平竖直，与洞口墙体留有一定缝隙，缝隙内不得使用水泥砂浆填塞，是否使用具有弹性材料嵌密实，表面是否用密封胶密闭；③安装是否牢固，预埋件的数量、位置、埋设方式与框连接方法是否符合设计要求，在砌体上安装门窗严禁用射钉固定，门窗的开启方向、安装位置、连接方式是否符合设计要求；④门窗表面是否洁净、平整、光滑、色泽一致，无锈蚀、无划痕、无碰伤；⑤窗扇的橡胶密封条应安装完好，不得卷边；⑥门窗各把手、插销等是否能够有效使用，各种锁具是否安全可靠

大类标记	名　称	属　类	名　称	小　类	名　称	内容及评价标准
MC	门窗	MC-1	材料	MC-1-3	电动门窗	电动门窗的型材、附件、玻璃以及感应设备的品种、规格、质量是否符合设计要求和国家规范、标准；自动门的安装位置、使用功能是否符合设计要求；自动门框安装是否牢固，门扇安装是否稳定、开闭灵敏、滑动自如；感应设备是否灵敏、安全可靠
				MC-1-4	玻璃	玻璃是否安装牢固，不得有裂纹、损伤和松动。门窗玻璃压条镶嵌、镶钉是否严密、牢固，与框扇接触处顺直平齐。带密封条的玻璃压条，其密封条必须与玻璃全部贴紧，压条与型材之间应无明显缝隙，压条接缝应不大于0.3mm；玻璃表面是否洁净，不得有腻子、密封胶、涂料等污渍。中空玻璃内外表面是否清洁，中空层内不得有灰尘和水蒸气；门窗玻璃是否直接接触型材；玻璃密封胶粘结是否牢固，表面是否光滑、顺直、无裂纹；腻子是否填抹饱满、粘结牢固；腻子边缘与裁口是否平齐
		MC-2	围护	MC-2-1	纱窗	①纱窗有无破损、开裂等；②纱窗开启与关闭是否顺畅、无噪声
				MC-2-2	窗帘盒	窗帘盒、窗台板与基体是否连接严密、棱角方正，同一房屋内的位置标高及两侧伸出窗洞口外的长度应一致
				MC-2-3	内窗台	内窗台是否有明显缺角、开裂等；窗台外表是否平整、颜色协调

1.9　电气

　　房屋电气装置主要是通电及电力供应的各类设备，包括电线、开关及插头、电表、楼宇自动化、自动报警器和照明灯具（表1-7）。

房屋查验内容之七：电气　　　　　　　　　表1-7

大类标记	名　称	属　类	名　称	小　类	名　称	内容及评价标准
DQ	电气	DQ-1	电设备	DQ-1-1	电线	塑料电线保护管及接线盒是否使用阻燃型产品；金属电线保护管的管壁、管口及接线盒穿线孔孔滑无毛刺，外形是否有折扁裂缝；电源配线时所用导线截面积是否满足用电设备的最大输出功率；暗线敷设是否配护套管，严禁将导线直接埋入抹灰层内，导线在管内不得有接头和扭结，吊顶内不允许有明露导线；电源线与通信线不应穿入同一根线管内，电源线及插座与电视线及插座的水平间距不应小于500mm

大类标记	名 称	属 类	名 称	小 类	名 称	内容及评价标准
DQ	电气	DQ-1	电设备	DQ-1-2	开关及插头	安装的电源插座是否符合"左零右相，保护地线在上"的要求，有接地孔插座的接地线应单独敷设，不得与工作零线混用；连接开关的螺口灯具导线，是否先接开关，开关引出的相线应接在灯中心的端子上，零线应接在螺纹的端子上；导线间和导线对地间电阻是否大于0.5MΩ；厕浴间是否安装防水插座，开关宜安装在门外开启侧的墙体上；灯具、开关、插座安装是否牢固，位置是否正确，上沿标高是否一致，是否面板端正、紧贴墙面、无缝隙、表面洁净
				DQ-1-3	电表	总电表标志是否浅显易懂；计数器是否工作正常；注意记录底数
				DQ-1-4	楼宇自动化	此类系统是否灵敏、有效
				DQ-1-5	自动报警器	此类系统是否灵敏、有效
				DQ-1-6	照明灯具	照明灯具安装是否安全可靠；照明设备是否有效；有无安全隐患

电线、开关和插头是主要电气供应设备。其中，电线是供配电系统中的一个重要组成部分，包括导线型号与导线截面的选择。供电线路中导线型号的选择，是根据使用的环境、敷设方式和供货的情况而定的。导线截面的选择，应根据机械强度、导线电流的大小、电压损失等因素确定。开关包括刀开关和自动空气开关。前者适用于小电流配电系统中，可作为一般电灯、电器等回路的开关来接通或切断电路，此种开关有双极和三极两种；后者主要用来接通或切断负荷电流，因此又称为电压断路器。开关系统中一般还应设置熔断器，主要用来保护电气设备免受过负荷电流和短路电流的损害。

电表是用来计算用户的用电量，并根据用电量来计算应缴电费数额，交流电度表可分为单相和三相两种。选用电表时要求额定电流大于最大负荷电流，并适当留有余地，考虑今后发展的可能。

楼宇自动化是以综合布线系统为基础❶，综合利用现代 4C 技术（现代计算机技术、现代通信技术、现代控制技术、现代图形显示技术），在建筑物内建立一个由计算机系统统一管理的一元化集成系统，全面实现对通信系统、办公自动化系统和各种建筑设备（空调、供热、给水排水、变配电、照明、电梯、消防、公共安全）等的综合管理。

自动报警器具有如下几个功能：

（1）保安监视控制功能，包括保安闭路电视设备、巡更对讲通信设备、与外界连接的开门部位的警戒设备和人员出入识别装置紧急报警、处警和通信联络设施。

（2）消防灭火报警监控功能，包括烟火探测传感装置和自动报警控制系统，联动控制启闭消火栓、自动喷淋及灭火装置，自动排烟、防烟、保证疏散人员通道通畅和事故照明

---

❶ 综合布线系统：是由线缆和相关链接件组成的信息传输通道或导体网络。综合布线技术是将所有电话、数据、图文、图像及多媒体设备的布线组合在一套标准的布线系统上，从而实现了多种信息系统的兼容、共用和互换，它既能使建筑物内部的语言、数据、图像设备、交换设备与其他信息管理系统彼此相连，同时也能使这些设备与外部通信相连。

电源正常工作等的监控设施。

（3）公用设施监视控制功能，包括对高低变压、配电设备和各种照明电源等设施的切换监视，对给水、排水系统和卫生设施等运行状态进行自动切换、启闭运行和故障报警等监视控制，对冷热源、锅炉以及公用贮水等设施的运行状态显示、监视告警、电梯、其他机电设备以及停车场出入自动管理系统等进行监视控制。

1.10 给水排水

给水排水是房屋供水和排水工程的简称。给水系统的作用是供应建筑物用水，满足建筑物对水量、水质、水压和水温的要求。给水系统按供水用途，可分为生活给水系统、生产给水系统、消防给水系统三种。给水系统通常包括水箱、管道、水泵、日常给水设施等。

房屋排水系统按其排放的性质，一般可分为生活污水、生产废水、雨水三类排水系统。排水系统力求简短，安装正确牢固，不渗不漏，使管道运行正常，它通常由下列部分组成：

（1）卫生器具：包括洗脸盆、洗手盆、洗涤盆、洗衣盆（机）、洗菜盆、浴盆、拖布池、大便器、小便池、地漏等。

（2）排水管道：包括器具排放管、横支管、立管、埋设地下总干管、室外排出管、通气管及其连接部件（表1-8）。

房屋查验内容之八：给水排水　　　　　　　　　　　　　表 1-8

大类标记	名称	属类	名称	小类	名称	内容及评价标准
JPS	给水排水	JPS-1	给水	JPS-1-1	给水管道	管道安装横平竖直，铺设牢固，无松动，坡度符合规定要求。嵌入墙体和地面的暗管道应进行防腐处理并用水泥砂浆抹砌保护；给水管道与附件、器具连接严密，通水无渗漏
				JPS-1-2	五金配件	五金配件制品的材质、光泽度、规格尺寸是否符合设计要求；配件安装位置是否正确、对称、牢固，横平竖直无变形，镀膜光洁无损伤、无污染，护口遮盖严密与墙面靠实无缝隙，外露螺栓卧平，整体美观
				JPS-1-3	水表	所有出水设备都关闭的情况下，水表是否走动；打开一处水龙头，观察水表灵敏度；注意记录底数
		JPS-2	排水	JPS-2-1	排水管道	管道安装横平竖直，铺设牢固，无松动，坡度符合规定要求。嵌入墙体和地面的暗管道应进行防腐处理并用水泥砂浆抹砌保护；排水管道是否畅通，无倒坡，无堵塞，无渗漏
				JPS-2-2	地漏与散水	地漏箅子是否略低于地面，走水顺畅。地漏与散水设施达到不倒泛水要求，结合处严密平顺、无渗漏

大类标记	名 称	属 类	名 称	小 类	名 称	内容及评价标准
JPS	给水排水	JPS-3		JPS-3-1	洗浴设备	洗浴器具的品种、规格、外形、颜色是否符合设计要求；冷热水安装是否左热右冷，安装冷热水管平行间距不小于20mm，当冷热水供水系统采用分水器时应采用半柔性管材连接；龙头、阀门安装平正，出水顺畅；浴缸排水口对准落水管口是否做好密封，不宜使用塑料软管连接；洗浴器具安装位置是否正确、牢固端正，上沿水平，表面光滑无损伤
				JPS-3-2	卫生设备	各种卫生器具与石面、墙面、地面等接触部位是否均使用硅酮胶或防水密封条密封，各种陶瓷类器具不得使用水泥砂浆窝嵌；卫生器具安装位置是否正确、牢固端正，上沿水平，表面光滑无损伤；各龙头、阀门、按钮等安装是否平正，出水顺畅；各种瓷质卫生设备表面是否光泽、无划痕、磕碰、缺欠等
				JPS-3-3	排风扇	卫生间吊顶下是否留有通风口；烟道、通风口中用手查看是否存有建筑垃圾；电动排风扇是否有效
				JPS-3-4	太阳能热水器	太阳能热水器安装是否安全可靠

1.11 暖通

暖通在房屋中的全称为供热、通风及空调工程，包括采暖、通风、空气调节这三个方面，从功能上说是房屋设备的一个组成部分（表1-9）。

房屋查验内容之九：暖通   表 1-9

大类标记	名 称	属 类	名 称	小 类	名 称	内容及评价标准
NT	暖通	NT-1	采暖	NT-1-1	散热器	散热器上方是否有排气孔，使用时是否能够拧动将气体排掉；散热器安装时进水管和回水管的坡度符合要求，否则影响采暖；散热器安装是否牢固可靠；散热器表面是否光泽润滑、无划痕、变形等
				NT-1-2	散热器罩	散热器罩表面是否平整、光滑、洁净、色泽一致，不露钉帽、无锤印、线角直顺；无弯曲变形、裂缝及损坏现象；装饰线刻纹应清晰、直顺，棱线凹凸、层次分明；与墙面、窗框的衔接应严密，密封胶缝应顺直、光滑
				NT-1-3	采暖管线	采暖管线安装是否安全可靠，有无安全隐患
		NT-2	空调	NT-2-1	通风管道	通风管道是否有效
				NT-2-2	空调设备	空调设备安装是否安全可靠；外机、内机连接是否安全；外机噪声是否在合理范围之内

供热系统的作用是通过散热设备不断地向房间供给热量，以补偿房间内的热耗失量，维持室内一定的环境温度。目前，我国主要供热系统分为热水供热和蒸汽供热两种。其中，热水采暖系统一般由锅炉、输热管道、散热器、循环水泵、膨胀水箱等组成。蒸汽采暖系统以蒸汽锅炉产生的饱和水蒸气作为热媒，经管道进入散热器内，将饱和水蒸气的汽化潜热散发到房间周围的空气中，水蒸气冷凝成同温度的凝结水，凝结水再经管道及凝结水泵返回锅炉重新加热。与热水采暖相比，蒸汽采暖热得快，冷得也快，多适用于间歇性的采暖房屋。

通风系统是为了维持室内合适的空气环境湿度与温度，需要排出其中的余热余湿、有害气体、水蒸气和灰尘，同时送入一定质量的新鲜空气，以满足人体卫生或生产车间工艺的要求。通风系统按动力分为自然通风和机械通风，按作用范围分为全面通风和局部通风，按特征分为进气式通风和排气式通风。

空气调节是使室内的空气温度、相对湿度、气流速度、洁净度等参数保持在一定范围内的技术，是建筑通风的发展和继续。空调系统对送入室内的空气进行过滤、加热或冷却、干燥或加湿等各种处理，使空气环境满足不同的使用要求。空气调节工程一般可由空气处理设备（如制冷机、冷却塔、水泵、风机、空气冷却器、加热器、加湿器、过滤器、空调器、消声器）和空气输送管道，以及空气分配装置的各种风口和散流器，还有调节阀门、防火阀等附件所组成。

按空气处理的设置情况分类，空调系统可以分为集中式系统（空气处理设备大都设置在集中的空调机房内，空气经处理后由风道送入各房间）、分布式系统（将冷、热源和空气处理与输送设备整个组装的空调机组，按需要直接放置在空调房内或附近的房间内，每台机组只供一个或几个小房间，或者一个大房间内放置几台机组）、半集中式系统（集中处理部分或全部风量，然后送往各个房间或各区进行再处理）。

1.12 附属间

附属间是房屋的有效组成部分，主要功能是辅助人们的日常工作、学习以及生活的需要。

按照功能不同，附属间可以分为储藏室、地下室、车库、夹层和阁楼（表1-10）。其中，储藏室一般有房屋内储藏室和房屋外储藏室之分。

地下室则处于房屋基础中，是箱形基础的一种设计方式。车库也分整体车库和区域车库，整体车库一般指有围护结构的密闭性车库，区域车库则是在公共停车区域划出可供个人及单位停车的位置。

夹层一般包括设备层和管道井，设备层是指将建筑物某层的全部或大部分作为安装空调、给水排水、电梯机房等设备的楼层，它在高层建筑中是保证建筑设备正常运行所不可缺少的。在设备层中，各种水泵，如生活水泵、消防水泵、集中供热水的加热水泵等，应浇筑设备基础，与大楼连成整体，楼板采用现浇。为防止水泵间运行渗漏水，在水泵间应设排水沟和集水井。为不扩大建筑规模，设备层的层高一般在2.2m以下。但设备层的层高也不能过低，因为板下的钢筋混凝土梁截面尺寸较大，层高过低，会影响人们对设备的操作和维修。管道井又称设备管道井，是指在高层建筑中专门集中垂直安放给水排水、供暖、供热水等管道的竖向钢筋混凝土井。在高层建筑中，管道井以及排烟道、排气道等竖向管道，应分别独立设置。

阁楼在发达国家的建筑中较为常见，在我国则是建筑楼宇顶部才有的房屋构件，它指在较高的房间内上部架起的一层矮小的楼。

房屋查验内容之十：附属间   表1-10

大类标记	名　称	属　类	名　称	小　类	名　称	内容及评价标准
FS	附属间	FS-1	功能房	FS-1-1	储藏室	储藏室是否具有防水、隔热功效
				FS-1-2	地下室	地下室是否简单装修，具有防水、防潮以及隔热功效
				FS-1-3	车库	车库内是否有良好的通风、防水功效
		FS-2	结构房	FS-2-1	夹层	夹层是否存在安全隐患
				FS-2-2	阁楼	阁楼楼板是否坚固，有足够的承载力

1.13　其他

其他是除上述部位以外的房屋其他组成部位和设备，主要包括厨房设备、室内围护、室内楼梯、阳台、走廊和壁炉。

其中，厨房设备又分为燃气管道和燃气表。室内围护又分为隔墙和软包。室内楼梯按照组成构件分为楼梯面板和扶手栏杆。阳台按照组成部位和样式不同分为阳台、平台和露台。还有走廊和壁炉，这在我国建筑中并不多见（表1-11）。

房屋查验内容之十一：其他   表1-11

大类标记	名　称	属　类	名　称	小　类	名　称	内容及评价标准
QT	其他	QT-1	厨房设备	QT-1-1	燃气管道	燃气管道安装是否安全可靠，有无安全隐患
				QT-1-2	燃气表	燃气表标志是否浅显易懂；计数器是否工作正常；注意记录底数
		QT-2	室内围护	QT-2-1	隔墙	隔墙工程所用材料的品种、级别、规格和隔声、隔热，阻燃等性能是否符合设计要求和国家有关规范、标准的规定；墙板的隔声效果是否良好；墙板是否抹灰均匀、没有缝隙；墙板与其他墙体的接缝处是否严密整齐；隔墙内填充材料是否干燥、铺设厚度均匀、平整、填充饱满，是否有防下坠措施

大类标记	名　称	属　类	名　称	小　类	名　称	内容及评价标准
QT	其他	QT-2	室内围护	QT-2-2	软包	软包织物、皮革、人造革等面料和填充材料的品种、规格、质量是否符合设计要求和防火、防腐要求；软包工程的衬板、木框的构造是否符合设计要求，钉牢固，不得松动；软包制作尺寸是否正确，棱角方正，周边平顺，表面平整，填充饱满，松紧适度；软包安装是否平整，紧贴墙面，色泽一致，接缝严密，无翘边；软包表面是否清洁、无污染，拼缝处是否花纹吻合、无波纹起伏和皱褶；软包饰面与压条、盖板、踢脚线、电器盒面板等交接处是否交接紧密、无毛边。电器盒开洞处套割尺寸是否正确，边缘整齐，盖板安装与饰面压实，毛边不外露，周边无缝隙
		QT-3		QT-3-1	楼梯面板	室内楼梯面板是否安全可靠，有无明显开裂现象
				QT-3-2	扶手栏杆	护栏高度、栏杆间距是否符合设计要求，其中，护栏、扶手材质和安装方法是否能承受规范允许的水平荷载、扶手高度是否不小于0.9m，栏杆高度是否不小于1.05m，栏杆间距不应大于0.11m
		QT-4		QT-4-1	阳台	阳台安全围护设施是否合理有效；无渗水、漏雨等现象
				QT-4-2	平台	平台是否安全
				QT-4-3	露台	露台是否安全
		QT-5		QT-5-1	走廊	走廊是否安全、无渗水、漏雨等现象
		QT-6		QT-6-1	壁炉	壁炉安装与搭设是否安全，无明显裂缝、错位、断裂等

2 房屋查验程序

验房行业在我国还是一个新兴行业，人们对它的工作性质、内容和方式还很不了解。特别是验房程序和规则，在全国范围内还没有一个统一的标准。一般情况下，房屋实地查验的基本程序，可分为 3 大部分、10 个阶段和 22 个步骤（表 2-1）。

2.1 房屋实地查验预约与准备

在实际查看房屋之前，验房人员要跟业主进行事先联系，以确定好实地查验时间。同时，验房也应通过电话等方式对房屋性状进行大致了解，以决定查验时所需的各种资料、工具及其他所带物品。

在正式实地验房之前，验房人员主要需要做好预约与必要的准备。

第一步：接待业主与接受业主委托。

预约阶段的首要任务是接受业主委托。此时，业主可以通过电话或其他方式，与验房人员取得联系，约定验房时间，提供初步信息，做好验房准备。

第二步：业主准备。

一旦与验房人员确定了房屋查的时间，业主就可以根据验房人员建议，做好如下准备：

第一，提前准备好小区、房屋的通行证件、各类房屋钥匙，以避免房屋查验时有房间打不开或不能顺利进入而耽误了时间。

第二，通知必要的物业管理人员。有些房屋查验需要打开一些公共物业管理部位，如管道井、设备层等，遇到这种情况，业主最好事先与物业管理人员和验房人员沟通好，在力所能及的范围内解决问题，促进验房顺利进行。

第三，业主自行准备或通知房屋销售人员、物业人员准备好相应文本资料：《住宅质量保证书》、《住宅使用说明书》、《建筑工程质量认定书》、《房地产开发建设项目竣工综合验收合格证》、《房产证》、《土地证》、《竣工验收备案表》、《房屋销售合同》以及其他有效有用文本等。这几项文件是确定房屋性状的重要依据，特别是涉及一些保修期之类的内容，都应在该类文件中予以查得。另外，必要的身份证件、房屋权属证件也是更好地协助验房的必备文件。特别是房屋权属证书中，有记载面积、范围等房屋具体内容的事项，这些材料业主都需要根据房屋实地查验的需要提前准备好。

第四，如房屋涉及出售、出租、抵押等交易活动，业主还需准备好相应合同、协议书、评估证明等。由于房屋查验必然是出于某种目的，或是为了交易，或是为了更好地居住等。若是为了交易，请业主提前做好准备，比如说出租房屋的查验最好要待租赁双方都在的时候进行等。

第三步：验房人员准备。

在业主准备的同时，验房人员也应当根据业主要求，相应做好下列准备：

第一，验房人员在房屋实地查验之前，要对项目情况及各种细节一一掌握，如熟悉所验房屋的区位、周边情况、房地产情况及交通、医疗、教育、体育等设施分布情况。同时，在去房屋进行查验的路线安排上，应事先探明所用时间，避免迟到、久等不来现象的发生。所以，尽量要提前熟悉看房路线，避免走冤枉路。

第二，熟悉所验房屋的户型、结构、格式、特点等。这样，房屋实地查验就更有针对性。

第三，熟悉各种房屋交易流程、文本填写及注意事项。验房人员应当是通才，一旦业主问到与房屋有关的各种内容时，验房人员都应该予以回答并作出适当解释。

第四，准备好相应验房工具。

第五，准备好各类文本，如《房屋实地查验报告》等。房屋查验后，提交给业主一份完整、客观的房屋查验报告是房屋查验成果的集中展示。因此，验房人员要事先对报告内容有所了解，并有针对性地对房屋进行查验。

第六，准备好通勤工具，做好线路和时间安排。

第七，做好与业主验房前的各种交流、沟通和互动。作为验房来说，事先与业主的沟通与互动很重要。因为业主委托验房，一定是出于某种目的，这时候，验房人员应当及时了解客户的目的、要求，提供更有针对性的服务。

第八，准备好各种公司印章或个人印鉴，以备签署验房报告时所用。

2.2 房屋实地查验实施

做好了各种准备工作，与业主约定好验房时间，按时到达验房地点，房屋实地查验就可以正式开始了。

第四步：与业主见面。

验房人员与业主在指定地点见面，验房开始。

第五步：简要说明。

由于并不是所有的业主都了解验房，并不是所有的消费者都清楚验房的局限性。因此，在正式验房开始之前，验房人员有必要向业主简单介绍验房工作及房屋查验的局限性，要求业主协助完成各种验房任务，并向业主说明可能发生的各种情况，解答业主关于验房有关事情的疑问。一般来说，这一过程可以通过和业主签署验房委托协议及确认业主已经认真阅读了《验房师声明》来实现❶。

第六步：资料查验。

验房人员在实地验房开始前，最好先逐一检查业主携带的各种与房屋有关的文本、资料和证明文件，以确保验房活动的合法、合理性。一般来说，处于保护隐私及尊重个人住房权利的需要，委托验房的被委托人都应该是与房屋有权利关系的人，包括业主、物业使用人、租赁者等。因此，事先验明好相关证件，有助于验房本身的合法与合理化。

第七步：小区大环境查验。

房屋实地查验开始后，验房人员首先要对房屋外部环境进行查验，包括：

---

❶ 《验房师声明》是西方国家验房之前业需要仔细阅读并确认了解的，主要是针对那些验房师无法查验的部位及无法达到的要求向业主予以说明。

第一，房屋所在社区的容积率、建筑密度、楼间距等规划指标是否符合房屋建筑要求；

第二，房屋所在社区、楼宇是否存在安全隐患；

第三，房屋所在社区、楼宇的物业服务情况；

第四，房屋所在社区公共服务设施、健身设置的安排与布置情况；

第五，房屋所在社区的噪声、空气及其他影响生活质量等因素。

第八步：房屋室外环境查验。

在大致了解了房屋所处的室外大环境之后，验房人员开始对房屋的直接关联外部内容进行查验，包括：

第一，房屋外在观感情况；

第二，房屋外墙外表面装饰情况；

第三，房屋车位情况；

第四，房屋采光情况；

第五，房屋距小区主要公共场所通勤情况；

第六，房屋周边绿化情况。

第九步：单元门洞查验。

在进行完室外查验之后，如果是楼房，进入房屋之前，验房人员还应对房屋单元门洞进行查验，包括：

第一，防盗门安装及使用情况；

第二，电梯安装运行情况；

第三，物业值班室情况；

第四，垃圾回收情况；

第五，邮政信箱设置情况。

第十步：其他公用部分查验。

除室内查验之外，验房人员也应对与房屋有直接联系的房屋其他公用部分进行在验，包括：

第一，楼梯分布及使用情况；

第二，电梯分布及使用情况；

第三，楼层平台使用情况；

第四，管道井位置；

第五，电表、水表位置；

第六，消防设施分布情况。

第十一步：附属空间设备查验。

在检查完公用部位之后，验房人员要继续对房屋附属空间设备进行查验，包括：

第一，查验地下室；

第二，查验夹层工作间；

第三，查验车棚；

第四，查验储藏室。

第十二步：室内基础数据测量。

为更好地了解房屋性状，在条件允许的情况下，特别在新房验房时，验房人员应对房屋基础数据进行测量，包括：

第一，测量建筑面积、使用面积、套内面积、阳台面积、公摊面积、地下室面积、阁楼面积等；

第二，层高与净高；

第三，室内高差。

第十三步：室内装修情况查验。

在对室内进行基础数据测量之后，验房人员对照查验标准，对房屋室内装修情况进行查验，包括：

第一，顶棚、吊顶的安装与材料；

第二，灯具、风扇的安装与安全；

第三，墙面装饰；

第四，地面铺设；

第五，隔墙安装；

第六，涂料涂饰；

第七，软包制品；

第八，室内楼梯与楼板；

第九，室内空气质量；

第十，阳台设施。

第十四步：室内设备安装查验。

除建筑构造、装饰情况外，建筑设备也是房屋查验的主要内容之一，验房人员应对室内设备安装情况进行查验，包括：

第一，检查各类门窗的安装与运行情况；

第二，查验零星制品的安装及使用，例如木护墙、踢脚板、顶角线、散热器、散热器罩、栏杆扶手等；

第三，检测厨房设备，包括烟道、燃气管道、热水器等；

第四，检测卫生间设备，包括盥洗设备、洗浴设备、卫生设备、水管及管道、防水工程、排风扇、各类五金配件，水表、地漏与散水等；

第五，检测各种电气设备，包括总电表、开关、插座、警报系统、电线、电闸、视频对讲机、自动防火报警器、电视、电话，网络等；

第六，检查壁橱和地柜等处。

第十五步：其他部位查验。

验房人员在遵守基本范围的情况下，酌情对业主要求的除上述列表外的其他部位、设施进行查验。

第十六步：简要总结查验。

验房人员向业主简单总结查验过程，对具体问题提出解决方案和措施。

第十七步：确认实地查验。

验房人员与业主协商，结束实地查验，业主需在房屋查验表上签字确认查验结果。验房人员收拾好各种检测工具。

2.3 房屋实地查验后续工作

在房屋实地查验之后，要进行房屋查验报告的撰写及费用的核算等。

第十八步：准备房屋查验报告资料。

验房人员搜集和整理实地验房的相关资料。

第十九步：撰写报告。

验房人员填写房屋查验报告。

第二十步：报告交付业主。

验房人员将房屋查验报告交付业主，业主签字确认。

第二十一步：结算费用。

业主与验房人员结算有关费用，并支付报酬。

第二十二步：整理存档。

验房人员将房屋查验的资料整理、存档。

房屋实地查验流程表 表 2-1

阶 段	序 号	名 称	内 容	备 注
预约阶段	1	接待业主与接受业主委托	业主通过电话或其他方式，与验房人员取得联系，约定验房时间，提供初步信息，做好验房准备	
准备阶段	2	业主准备	业主根据验房人员建议，做好如下准备： ① 小区、房屋的通行证件、各类房屋钥匙； ② 通知必要的物业管理人员； ③ 业主自行准备或通知房屋销售人员、物业人员准备好相应文本资料：《住宅质量保证书》《住宅使用说明书》《建筑工程质量认定书》《房地产开发建设项目竣工综合验收合格证》《房产证》《土地证》《竣工验收备案表》《房屋销售合同》以及其他有效有用文本等； ④ 如房屋涉及出售，出租、抵押等交易活动，业主还需准备好相应合同、协议书、评估证明等	
	3	验房人员准备	验房人员根据业主要求，相应做好下列准备： ① 熟悉所验房屋的区位、周边情况、房地产情况及交通、医疗、教育、体育等设施分布情况； ② 熟悉所验房屋的户型、结构、格式、特点等； ③ 熟悉各种房屋交易流程、文本填写及注意事项； ④ 准备好相应验房工具（详见《房屋实地查验所需工具表》）； ⑤ 准备好各类文本，如《房屋实地查验报告》等； ⑥ 准备好通勤工具，做好线路和时间安排； ⑦ 做好与业主验房前的各种交流、沟通与互动； ⑧ 准备好各种公司印章或个人印鉴	

阶　段	序　号	名　称	内　容	备　注
实地验房 开始阶段	4	与业主见面	验房人员与业主在指定地点见面，验房开始	
	5	简要说明	验房人员向业主简要介绍工作职责及验房范围，要求业主协助完成各种验房任务，并向业主说明可能发生的各种情况	
	6	资料查验	验房人员在实地验房开始前，先逐一检查业主携带的各种与房屋有关的文本、资料和证明文件，以确保验房活动的合法、合理性	
室外查验阶段	7	小区大环境查验	验房人员对小区大环境进行查验，包括小区区位、通勤、楼间距、绿化率、容积率和建筑密度等	
	8	房屋室外环境查验	验房人员对房屋外部环境进行查验，包括： ① 房屋外在观感情况； ② 房屋外墙外表面装饰情况； ③ 房屋车位情况； ④ 房屋采光情况； ⑤ 房屋距小区主要公共场所通勤情况； ⑥ 房屋周边绿化情况	
楼内查验阶段	9	单元门洞查验	验房人员对房屋单元门洞进行查验，包括： ① 防盗门安装及使用情况； ② 电梯安装运行情况； ③ 物业值班室情况； ④ 垃圾回收情况； ⑤ 邮政信箱设置情况	
	10	其他公用部分查验	验房人员对房屋其他公用部分进行查验，包括： ① 楼梯分布及使用情况； ② 电梯发布及使用情况； ③ 楼层平台使用情况； ④ 管道井位置； ⑤ 电表、水表位置； ⑥ 消防设施分布情况	
	11	附属空间设备查验	验房人员对房屋附属空间设备进行查验，包括： ① 楼地下室； ② 夹层工作间； ③ 车棚； ④ 储藏室	
室内查验阶段	12	室内基础数据测量	验房人员对房屋基础数据进行测量，包括： ① 建筑面积、使用面积、套内面积、阳台面积、公摊面积、地下室面积、阁楼面积等； ② 层高于净高； ③ 室内高差	

阶　段	序　号	名　称	内　容	备　注
室内查验阶段	13	室内装修情况查验	验房人员对房屋室内装修情况进行查验，包括： ① 顶棚、吊顶的安装与材料； ② 灯具、风扇的安装与安全； ③ 墙面装饰； ④ 地面装饰； ⑤ 隔墙安装； ⑥ 涂料涂饰； ⑦ 软包制品； ⑧ 室内楼梯与楼板； ⑨ 室内空气质量； ⑩ 阳台设施	
	14	室内设备安装查验	验房人员对室内设备安装情况进行查验，包括： ① 各类门窗的安装与运行情况； ② 零星制品，例如木护墙、踢脚线、顶角线、散热器、散热器罩、栏杆扶手等； ③ 厨房设备，包括烟道、燃气管道、热水器等； ④ 卫生间设备，包括盥洗设备、洗浴设备、卫生设备、水管及管道、防水工程、排风扇、各类五金配件、水表、地漏与散水等； ⑤ 各类电气设备，包括总电表、开关、插座、警报系统、电线、电闸、视频对讲机、自动防火报警器、电视、电话、网络等； ⑥ 壁柜及地柜等	
个别查验阶段	15	其他部位查验	验房人员应在遵循基本查验范围的情况下，酌情对业主要求的除上述列表外的其他部位、设施进行查验	
实地验房结束阶段	16	简要总结查验	验房人员向业主简单总结查验过程，对具体问题提出处理方案和措施	
	17	确认实地查验	验房人员与业主协商，结束实地查验，业主需在房屋查验表上签字确认查验结果。验房人员收拾好各种检测工具	
撰写房屋查验报告阶段	18	准备房屋查验报告材料	验房人员搜集和整理实地验房的相关资料	
	19	撰写报告	验房人员填写房屋查验报告	
	20	报告交付业主	验房人员将房屋查验报告交付业主，业主签字确认	
房屋查验结束阶段	21	结算费用	业主与验房人员结算有关费用，并支付报酬	
	22	整理存档	验房人员将房屋查验的资料整理、存档	

3 房屋质量评价标准

3.1 基本概念

房屋是一种建筑物，指有基础、墙、顶、门、窗，能够遮风避雨，供人在内居住、工作、学习、娱乐、储藏物品或进行其他活动的空间场所。

而建筑一词有两层含义，一是作为动词，指建造建筑物的活动；二是作为名词，指这种建造活动的成果，即建筑物。建筑物有广义和狭义两种含义。广义的建筑物是指人工建筑而成的所有东西，包括房屋和构筑物。狭义的建筑物主要是指房屋，不包括构筑物。构筑物是指房屋以外的建筑物，人们一般不直接在内进行生产和生活活动，如烟囱、水塔、水井、道路、桥梁、隧道、水坝等。

3.1.1 房屋的分类

1. 按照房屋使用性质划分

按照房屋的使用性质，建筑物分为民用建筑、工业建筑和农业建筑三大类。其中，民用建筑按照使用功能，分为居住建筑和公共建筑两类。再其中，居住建筑是指供家庭或个人居住使用的建筑，又可分为住宅、集体宿舍等。住宅是指供家庭居住使用的建筑。按照套型设计，每套住宅设有卧室、起居室（厅）、厨房和卫生间等基本空间。住宅可分为独立式（独院式）住宅、双联式（联立式）住宅、联排式住宅、单元式（梯间式）住宅、外廊式住宅、内廊式住宅、跃廊式住宅、跃层式住宅、点式（集中式）住宅、塔式住宅等。习惯上按照档次，还不很严格地把住宅分为普通住宅、高档公寓和别墅。公共建筑是指供人们购物、办公、学习、旅行、体育、医疗等使用的非生产性建筑，如商业建筑、办公建筑、文教建筑、旅馆建筑、观演建筑、体育建筑、展览建筑、医疗建筑等。工业建筑是指供工业生产使用或直接为工业生产服务的建筑：工业建筑按照用途，分为主要生产厂房、辅助生产厂房、动力用厂房、储存用房屋、运输用房屋等。农业建筑是指供农业生产使用或直接为农业生产服务的建筑，如料仓、水产品养殖场、饲养畜禽用房等。

2. 按照房屋层数或高度划分

按照房屋层数或高度的分类，可以将房屋分为低层住宅、多层住宅、中高层住宅和高层住宅。房屋层数是指房屋的自然层数，一般按室内地坪 ±0.000m 以上计算；采光窗在室外地坪以上的半地下室，其室内层高在 2.2m 以上（不含 2.2m）的，计算自然层数。假层、附层（夹层）、插层、阁楼（暗楼）、装饰性塔楼，以及突出屋面的楼梯间、水箱间不计层数。房屋总层数为房屋地上层数与地下层数之和。建筑高度是指建筑物室外地面到其檐口或屋面面层的高度。屋顶上的水箱间、电梯机房、排烟机房和楼梯出口小间等不计入建筑高度。其中，1~3 层的住宅为低层住宅，4~6 层的住宅为多层住宅，7~9 层的住宅为中高层住宅，10层及以上的住宅为高层住宅。公共建筑及综合性建筑，总高度超过24m的为高层，但不包括总高度超过24m的单层建筑。建筑总高度超过100m的，不论是住宅还是公共建筑、综合性建筑，均称为超高层建筑。

3. 按照房屋建筑结构划分

按照房屋建筑结构，房屋分为以下四种类型：

砖木结构房屋。砖木结构房屋的主要承重构件是用砖、木做成。其中，竖向承重构件的墙体和柱采用砖砌，水平承重构件的楼板、屋架采用木材。这类建筑物的层数一般较低，通常在3层以下。古代建筑，1949年以前建造的城镇居民住宅，20世纪五六十年代建造的民用房屋和简易房屋，大多为这种结构。

砖混结构房屋。砖混结构房屋的竖向承重构件采用砖墙或砖柱，水平承重构件采用钢筋混凝土楼板、屋面板，其中也包括少量的屋顶采用木屋架。这类建筑物的层数一般在6层以下，造价较低，但抗震性能较差，开间和进深的尺寸及层高都受到一定的限制。因此，这类建筑物正逐步被钢筋混凝土结构的建筑物所替代。

钢筋混凝土结构房屋。钢筋混凝土结构房屋的承重构件如梁、板、柱、墙（剪力墙）、屋架等，是由钢筋和混凝土两大材料构成。其围护构件如外墙、隔墙等，是由轻质砖或其他砌体做成。它的特点是结构的适应性强，抗震性能好，耐久年限较长。从多层到高层，甚至超高层建筑都可以采用此类结构。钢筋混凝土结构房屋的种类主要有：框架结构、框架剪力墙结构、剪力墙结构、简体结构、框架简体结构和筒中筒等。

钢结构房屋。钢结构房屋的主要承重构件均用钢材制成。其建造成本较高，多用于高层公共建筑和跨度大的建筑，如体育馆、影剧院、跨度大的工业厂房等。

4. 按照房屋施工方法划分

施工方法是指建造建筑物时所采用的方法。按照施工方法的不同，建筑物分为下列三种：

现浇、现砌式建筑。这种建筑物的主要承重构件均是在施工现场浇筑和砌筑而成。

预制、装配式建筑。这种建筑物的主要承重构件均是在加工厂制成预制构件，在施工现场进行装配而成。

部分现浇现砌、部分装配式建筑。这种建筑物的一部分构件（如墙体）是在施工现场浇筑或砌筑而成，一部分构件（如楼板、楼梯）则采用在加工厂制成的预制构件。

5. 按照房屋设计年限划分

建筑设计标准要求建筑物应达到的设计使用年限，是由建筑物的性质决定的。例如，《民用建筑设计通则》（GB 50352—2005）将以主体结构确定的建筑设计使用年限分为四级，并规定了其适用范围。影响建筑物实际使用年限的因素，除了建筑设计标准的要求，还有工程业主的要求、实际建筑设计水平、施工质量及房屋使用维修等（表3-1）。

房屋设计使用年限 表3-1

类 别	设计使用年限（年）	示 例
1	5	临时性建筑
2	25	易于替换结构的建筑
3	50	普通建筑
4	100	纪念性重要建筑

6. 按照房屋耐火等级划分

房屋的耐火等级是由组成建筑物的构件的燃烧性能和耐火极限决定的。根据材料的燃烧性能,将材料分为非燃烧材料、难燃烧材料和燃烧材料。用这些材料制成的建筑构件分别被称为非燃烧体、难燃烧体和燃烧体。耐火极限的单位为小时(h),是指从受到火的作用时起,到失去支持能力或发生穿透裂缝或背火一面的温度升高到220℃时止的时间。

《建筑设计防火规范》(GB 50016—2006)把建筑物的耐火等级分为一级、二级、三级、四级,其中一级的耐火性能最好,四级的耐火性能最差。

3.1.2　房屋的构成

房屋建筑通常是由若干个大小不等的室内空间组合而成的。这些室内空间的形成,往往又要借助于一片片实体的围合。这一片片实体,被称为建筑构件。

不同的房屋虽然在使用要求、空间组合、外形处理、结构形式、构造方式及规模大小等方面各有特点,但一幢房屋一般是由竖向建筑构件(如基础、墙体、柱等)、水平建筑构件(如地面、楼板、梁、屋顶等)及解决上下层交通联系的楼梯等组成。此外,有些建筑物还有台阶、坡道、散水、雨篷、阳台、烟囱、垃圾道、通风道等。

1. 基础和地基

基础是建筑物的组成部分,是建筑物地面以下的承重构件,它支撑着其上部建筑物的全部荷载,并将这些荷载及自重传给下面的地基。基础必须坚固、稳定而可靠。

按照基础使用的材料,基础分为灰土基础、三合土基础、砖基础、石基础、混凝土基础、毛石混凝土基础、钢筋混凝土基础等。

按照基础的埋置深度,基础分为浅基础、深基础和不埋基础。

按照基础的受力性能,基础分为刚性基础和柔性基础。刚性基础是指用砖、灰土、混凝土、三合土等受压强度大,而受拉强度小的刚性材料做成的基础。砖混结构房屋一般采用刚性基础。柔性基础是指用钢筋混凝土制成的受压、受拉均较强的基础。

按照基础的构造形式,基础分为条形基础、独立基础、筏板基础、箱形基础和桩基础。(1)条形基础是指呈连续状的带形基础,包括墙下条形基础和柱下条形基础。(2)独立基础是指基础呈独立的块状,形式有台阶形、锥形、杯形等。(3)筏板基础是一块支承着许多柱子或墙的钢筋混凝土板,板直接作用于地基上,一块整板把所有的单独基础连在一起,使地基土的单位面积压力减小。筏板基础适用于地基土承载力较低的情况。筏板基础还有利于调整地基土的不均匀沉降,或用来跨过溶洞,用筏板基础作为地下室或坑槽的底板有利于防水、防潮。(4)箱形基础主要是指由底板、顶板、侧板和一定数量的内隔墙构成的整体刚度较好的钢筋混凝土箱形结构。它是能将上部结构荷载较均匀地传至地基的刚性构件。箱形基础由于刚度大、整体性好、底面积较大,所以既能将上部结构的荷载较均匀地传到地基,又能适应地基的局部软硬不均,有效地调整基底的压力。箱形基础上能建造比其他基础形式更高的建筑物,对于承载力较低的软弱地基尤为合适。箱形基础对于抵抗地震荷载的作用极为有利,国内外地震震害调查表明,凡是有箱形基础的建筑物,一般破坏和受伤害的情况比无箱形基础的建筑物轻。即使上部结构在地震中遭受破坏,也没有发现箱形基础破坏的现象。在地下水位较高的地段建造高层建筑,由于箱形基础底板为一块整板,因此有利于采取各种防水措施,施工方便,防水效果好。(5)桩基础。当建筑场地的上部土层较弱、承载力较小，不适宜采用在天然地基上做浅基础时宜采用桩基础。桩基础由设置于土中的桩和承接上部结构的承台组成。承台设置于桩顶，把各单桩联成整体，并把建筑物的荷载均匀地传递给各根桩，再由桩端传给深处坚硬的土层，或通过桩侧面与其周围土的摩擦力传给地基。前者称为端承桩，后者称为摩擦桩。

地基不是建筑物的组成部分，是承受由基础传下来的荷载的土体或岩体。建筑物必须建造在坚实可靠的地基上。为保证地基的坚固、稳定和防止发生加速沉降或不均匀沉降，地基应满足下列要求：（1）有足够的承载力。（2）有均匀的压缩量，以保证有均匀的下沉。如果地基下沉不均匀时，建筑物上部会产生开裂变形。（3）有防止产生滑坡、倾斜方面的能力，必要时（特别是较大的高度差时）应加设挡土墙，以防止出现滑坡变形。

地基分为天然地基和人工地基。未经人工加固处理的地基，称为天然地基；经过人工加固处理的地基，称为人工地基。当土层或岩层具有足够的承载力，不需要经过人工加固处理时，可以直接在其上建造建筑物。而当土层或岩层的承载力较小，或者虽然承载力较好，但上部荷载相对过大时，为使地基具有足够的承载力，应对土层或岩层进行加固。

2. 墙体和柱

墙体和柱均是竖向承重构件，它们支撑着屋顶、楼板等，并将这些荷载及自重传给基础。

按照墙体在建筑物中的位置，墙体分为外墙和内墙。外墙位于建筑物四周，是建筑物的围护构件，起着挡风、遮雨、保温、隔热、隔声等作用。内墙位于建筑物内部，主要起分隔内部空间的作用，也可起到一定的隔声、防火等作用。

按照墙体在建筑物中的方向，墙体分为纵墙和横墙。纵墙是沿建筑物长轴方向布置的墙。横墙是沿建筑物短轴方向布置的墙，其中的外横墙通常称为山墙。按照墙体的受力情况，墙体分为承重墙和非承重墙。承重墙是直接承受梁、楼板、屋顶等传下来的荷载的墙。非承重墙是不承受外来荷载的墙。在非承重墙中，仅承受自重并将其传给基础的墙，称为承自重墙；仅起分隔空间作用，自重由楼板或梁来承担的墙，称为隔墙。在框架结构中，墙体不承受外来荷载，其中，填充柱之间的墙，称为填充墙。悬挂在建筑物外部以装饰作用为主的轻质墙板组成的墙，称为幕墙。按照幕墙使用的材料，幕墙分为玻璃幕墙、铝板幕墙、不锈钢板幕墙、花岗石板幕墙等。

按照墙体使用的材料，墙体分为砖墙、石块墙、小型砌块墙、钢筋混凝土墙。

按照墙体的构造方式，墙体分为实体墙、空心墙和复合墙。实体墙是用黏土砖和其他实心砌块砌筑而成的墙。空心墙是墙体内部有空腔的墙，这些空腔可以通过砌筑方式形成，也可以用本身带孔的材料组合而成，如空心砌块等。复合墙是指用两种以上材料组合而成的墙，如加气混凝土复合板材墙。

柱是建筑物中直立的起支持作用的构件。它承担、传递梁和楼板两种构件传来的荷载。

3. 门和窗

门的主要作用是交通出入，分隔和联系建筑空间。窗的主要作用是采光、通风及观望。门和窗对建筑物外观及室内装修造型也起着很大作用。门和窗都应造型美观大方，构造坚固耐久，开启灵活，关闭紧严、隔声、隔热。

门一般由门框、门扇、五金等组成，按照门使用的材料，门分为木门、钢门、铝合金门、塑钢门。按照门开启的方式，门分为平开门（又可分为内开门和外开门）、弹簧门、推托门、转门、折叠门、卷帘门、上翻门和升降门等。按照门的功能，门分为防火门、安全门和防盗门等。按照门在建筑物中的位置，门分为围墙门、入户门、内门（房间门、厨房门、卫生间门）等。

窗一般由窗框、窗扇、玻璃、五金等组成。按照窗使用的材料，窗分为木窗、钢窗、铝合金窗、塑钢窗。按照窗开启的方式，窗分为平开窗（又可分为内开窗和外开窗）、推拉窗、旋转窗（又可分为横式旋转窗和立式旋转窗。横式旋转窗按转动铰链或转轴位置的不同，又可分为上悬窗、中悬窗和下悬窗）、固定窗（仅供采光及眺望，不能通风）。按照窗在建筑物中的位置，窗分为侧窗和天窗。

4. 地面、楼板和梁

地面是指建筑物底层的地坪，主要作用是承受人、家具等荷载，并把这些荷载均匀地传给地基。常见的地面由面层、垫层和基层构成。对有特殊要求的地坪，通常在面层与垫层之间增设一些附加层。

地面的名称通常以面层使用的材料来命名。例如，面层为水泥砂浆的，称为水泥砂浆地面，简称水泥地面；面层为水磨石的，称为水磨石地面。

按照面层使用的材料和施工方式，地面分为以下几类：（1）整体类地面，包括水泥砂浆地面、细石混凝土地面和水磨石地面等。（2）块材类地面，包括普通黏土砖、大阶砖、水泥花砖、缸砖、陶瓷地砖、陶瓷锦砖、人造石板、天然石板以及木地面等。（3）卷材类地面，常见的有塑料地面、橡胶毡地面以及无纺织地毯地面等。（4）涂料类地面。

面层是人们直接接触的表面，要求坚固耐磨、平整、光洁、防滑、易清洁、不起尘。此外，居住和人们长时间停留的房间，要求地面有较好的蓄热性和弹性；浴室、厕所要求地面耐潮湿、不透水；厨房、锅炉房要求地面防水、耐火；实验室要求地面耐酸碱、耐腐蚀等。

楼板是分隔建筑物上下层空间的水平承重构件，主要作用是承受人、家具等荷载，并把这些荷载及自重传给承重墙或梁、柱、基础。楼板应有足够的强度，能够承受使用荷载和自重；应有一定的刚度，在荷载作用下挠度变形不超过规定数值；应满足隔声要求，包括隔绝空气传声和固体传声；应有一定的防潮、防水和防火能力。

楼板的基本构造是面层、结构层和顶棚。楼板面层的做法和要求与地面面层相同。

按照结构层使用的材料，楼板分为木楼板、砖拱楼板、钢筋混凝土楼板等。木楼板的构造简单，自重较轻，但防火性能不好，不耐腐蚀，又由于木材昂贵，现在除等级较高的建筑物外，一般建筑物中应用较少。砖拱楼板自重较大，抗震性能较差，目前也较少应用。钢筋混凝土楼板坚固、耐久、强度高、刚度大、防火性能好，目前应用比较普遍。钢筋混凝土楼板按照施工方式，分为预制、叠合和现浇三种。在抗震设防地区，通常采用现浇钢筋混凝土楼板。

顶棚又称天花，是室内饰面之一，表面应光洁、美观，且能起反射作用，以改善室内的亮度。顶棚还应具有隔声、保温、隔热等方面的功能。顶棚可分为直接式顶棚和吊顶棚两类。直接式顶棚是直接在楼板结构层下喷、刷或粘贴建筑装饰材料的一种构造方式。吊顶棚简称吊顶，一般由龙骨和面层两部分组成。

梁是跨过空间的横向构件，主要起结构水平承重作用，承担其上的楼板传来的荷载，再传到支撑它的柱或承重墙上。圈梁主要是为了提高建筑物整体结构的稳定性，环绕整个建筑物墙体所设置的梁。

按照梁使用的材料，梁分为钢梁、钢筋混凝土梁和木梁；按照力的传递路线，梁分为主梁和次梁；按照梁与支撑的连接状况，梁分为简支梁、连续梁和悬臂梁。

5. 楼梯

楼梯是建筑物的垂直交通设施，供人们上下楼层、疏散人流或运送物品之用。在建筑物中，布置楼梯的房间称为楼梯间。

两层以上的建筑物必须有垂直交通设施。垂直交通设施的主要形式有楼梯、电梯、自动扶梯、台阶和坡道等。低层和多层住宅一般以楼梯为主。多层公共建筑、高层建筑经常需要设置电梯或自动扶梯，同时为了消防和紧急疏散的需要，必须设置楼梯。

楼梯一般由楼梯段、休息平台和栏杆、扶手组成。楼梯段是由若干个踏步组成的供层间上下行走的倾斜构件，是楼梯的主要使用和承重部分。休息平台是指联系两个倾斜楼梯段之间的水平构件，主要作用是供人行走时缓冲疲劳和分配从楼梯到达各楼层的人流。栏杆和扶手是设置在楼梯段和休息平台临空边缘的安全保护构件。

按照楼梯的结构形式，楼梯分为板式楼梯、梁式楼梯和悬挑楼梯；按照楼梯的施工方法，楼梯分为现浇钢筋混凝土楼梯和预制装配式钢筋混凝土楼梯；按照楼梯在建筑物中的位置，楼梯分为室内楼梯和室外楼梯；按照楼梯的使用性质，楼梯分为室内主要楼梯、辅助楼梯、室外安全楼梯和防火楼梯；按照楼梯使用的材料，楼梯分为钢筋混凝土楼梯、木楼梯和钢楼梯等；按照楼层间楼梯的数量和上下楼层方式，楼梯分为直跑式楼梯、双跑式楼梯、多跑式楼梯、折角式楼梯、双分式楼梯、双合式楼梯、剪刀式楼梯和曲线式楼梯等。

按照楼梯间封闭程度不同，楼梯间分为开敞楼梯间、封闭楼梯间和防烟楼梯间。

6. 屋顶

屋顶是建筑物顶部起覆盖作用的围护构件，由屋面、承重结构层、保温隔热层和顶棚组成。常见的屋顶类型有平屋顶、坡屋顶，此外还有球面、曲面、折面等形式的屋顶。

屋顶的主要作用是抵御自然界的风、雨、雪以及太阳辐射、气温变化和其他外界的不利因素，使屋顶覆盖下的空间冬暖、夏凉。屋顶又是建筑物顶部的承重构件，承受积雪、积灰、人等荷载，并将这些荷载传给承重墙或梁、柱。因此，屋顶应满足防水、保温、隔热以及隔声、防火等要求，必须稳固。

3.1.3 房屋的设备

建筑设备指安装在建筑物内为人们居住、生活、工作提供便利、舒适、安全等条件的设备。主要包括建筑给水排水、建筑通风、建筑照明、采暖空调、建筑电气和电梯等。

1. 给水设备

给水系统的作用是供应建筑物用水，满足建筑物对水量、水质、水压和水温的要求。给水系统按供水用途，可分为生活给水系统、生产给水系统、消防给水系统三种。

供水方式应当根据建筑物的性质、高度，用水设备情况，室外配水管网的水压、水量，以及消防要求等因素决定。常用的供水方式有下列四种：

第一，直接供水方式：适用于室外配水管网的水压、水量能终日满足室内供水的情

况。这种供水方式简单、经济且安全;

第二,设置水箱的供水方式:适用于室外配水管网的水压在一天之内有定期的高低变化需设置屋顶水箱的情况。水压高时,水箱蓄水;水压低时,水箱放水。这样,可以利用室外配水管网水压的波动,通过水箱蓄水或放水满足建筑物的供水要求。

第三,设置水泵、水箱的供水方式:适用于室外配水管网的水压经常或周期性低于室内所需水压的情况。当用水量较大时,采用水泵提高水压,可减小水箱容积。水泵与水箱连锁自动控制水泵停、开,能够节省能源;

第四,分区、分压供水方式:适用于在多层和高层建筑中.室外配水管网的水压仅能供下面楼层用水,不能供上面楼层用水的情况。为了充分利用室外配水管网的水压,通常将给水系统分为上下两个供水区,下区由室外配水管网水压直接供水,上区由水泵加压后与水箱联合供水。如果消防给水系统与生产或生活给水系统合并使用时,消防水泵需满足上下两区消防用水量的要求。

给水管道布置总的要求是管线尽量简短、经济,便于安装维修。给水管道的敷设有明装和暗装两种。明装是管线沿墙、墙角、梁或地板上及顶棚下等处敷设,其优点是安装、检修方便,缺点是不美观。暗装是将供水管道设置于墙槽内、吊顶内、管井或管沟内。考虑维修方便,管道穿过基础墙、地板处时应预留孔洞,尽量避免穿越梁、柱。目前给水管道的材料主要是塑料管材,其优点是耐腐蚀、耐久性好、易连接、不易渗漏。

在一般建筑物中,根据要求可设置消防与生活或生产结合的联合给水系统。对于消防要求高的建筑物或高层建筑,应设置独立的消防给水系统。

第一,消火栓系统:是最基本的消防给水系统,在多层或高层建筑物中已广泛使用。消火栓箱安装在建筑物中经常有人通过、明显和使用方便之处。消火栓箱中装有消防龙头、水龙带、水枪等器材。

第二,自动喷淋系统:在火灾危险性较大、燃烧较快、无人看管或防火要求较高的建筑物中,需装设自动喷淋消防给水系统,其作用是当火灾发生时,能自动喷水扑灭火灾,同时又能自动报警。该系统由洒水喷头、供水管网、贮水箱、控制信号阀及烟感、温感等各式探测报警器等部分组成。

热水供应系统一般按竖向分区。为保证供水效果,建筑物内通常设置机械循环集中热水供应系统,热水的加热器和水泵均集中于地下的设备间。如果建筑物较高,分区数量较多,为防止加热器负担过大压力,可将各分区的加热器和循环水泵设在该区的设备层中,分别供应本区热水。

在电力供应充足或有燃气供应时,可设置电热水器或燃气热水器的局部供应热水系统。此时只需由冷水管道供水,省去一套集中热水系统,且使用也比较灵活方便。

在人们的日常生活用水中,饮用水仅占很小部分。为了提高饮用水品质,可用两套系统供水,其中一套提供高质量、净化后的直接饮用水。

2. 排水设备

建筑排水系统按其排放的性质,一般可分为生活污水、生产废水、雨水三类排水系统。排水系统力求简短,安装正确牢固,不渗不漏,使管道运行正常。它通常由下列部分组成:

卫生器具:包括洗脸盆、洗手盆、洗涤盆、洗衣盆(机)、洗菜盆、浴盆、拖布池、大便器、小便池、地漏等。

排水管道：包括器具排放管、横支管、立管、埋设地下总干管、室外排出管、通气管及其连接部件。

需要注意的是，当排水不能以重力流排至室外排水管中时，必须设置局部污水抽升设备来排除内部污水、废水。常用的抽升设备有污水泵、潜水泵、喷射泵、手摇泵及气压输水器等。

在有污水处理厂的城市中，生活或有害的工业污水、废水需先经过局部处理才能排放，处理方式有以下几种：

化粪池：化粪池是用钢筋混凝土或砖石砌筑成的地下构筑物。其主要功能是去除污水中含有的油脂，以免堵塞排水管道。

中水道系统：中水道是为降低市政建设中给水排水工程的投资，改善环境卫生，缓和城市供水紧张而采用废水处理后回用的技术措施。废水处理后回用的水不能饮用，只能供冲洗厕所、道路、汽车或作消防用水和绿化用水。设置中水道系统，要按规定配套建设中水设施，如净化池、消毒池、水处理设备等。

3. 采暖设备

在冬季比较寒冷的地区，室外温度低于室内温度，而房间的围护结构不断地向室外散失热量，在风压作用下通过门窗缝隙渗入室内的冷空气也会消耗室内的热量，造成室内温度下降。采暖系统的作用是通过散热设备不断地向房间供给热量，以补偿房间内的热耗失量，维持室内一定的环境温度。

常用的采暖方式主要包括区域供热、集中采暖和局部采暖。

区域供热：大规模的集中供热系统是由一个或多个大型热源产生的热水或蒸汽，通过区域供热管网，供给地区以至整个城市的建筑物采暖、生活或生产用热。如大型区域锅炉房或热电厂供热系统。

集中采暖：由热源（锅炉产生的热水或蒸汽作为热媒）经输热管道送到采暖房间的散热器或地热管中，放出热量后，经回水管道流回热源重新加热，循环使用。

局部采暖：将热源和散热设备合并成一个整体分散设置在各个采暖房间。如火炉、火炕、空气电加热器等。

采暖系统包括热水采暖系统和蒸汽采暖系统两类。

热水采暖系统：该系统一般由锅炉、输热管道、散热器、循环水泵、膨胀水箱等组成。

蒸汽采暖系统：该系统以蒸汽锅炉产生的饱和水蒸气作为热媒，经管道进入散热器内，将饱和水蒸气的汽化潜热散发到房间周围的空气中，水蒸气冷凝成同温度的饱和水，凝结水再经管道及凝结水泵返回锅炉重新加热。与热水采暖相比，蒸汽采暖热得快，冷得也快，多适用于间歇性的采暖建筑（如影剧院、俱乐部）。

4. 通风和空调设备

在人们生产和生活的室内空间，需要维持一定的空气环境，通风与空气调节是创造这种空气环境的一种手段。

为了维持室内合适的空气环境湿度与温度，需要捧出其中的余热余湿、有害气体、水蒸气和灰尘，同时送入一定质量的新鲜空气，以满足人体卫生或生产车间工艺的要求。

通风系统按动力，分为自然通风和机械通风；按作用范围，分为全面通风和局部通风；按特征，分为进气式通风和排气式通风。

空气调节是使室内的空气温度、相对湿度、气流速度、洁净度等参数保持在一定范围内的技术，是建筑通风的发展和继续。空调系统对送入室内的空气进行过滤、加热或冷却、干燥或加湿等各种处理，使空气环境满足不同的使用要求。

空气调节工程一般可由空气处理设备（如制冷机、冷却塔、水泵、风机、空气冷却器、加热器、加湿器、过滤器、空调器、消声器）和空气输送管道，以及空气分配装置的各种风口和散流器，还有调节阀门、防火阀等附件所组成。

按空气处理的设置情况分类，空调系统可以分为集中式系统（空气处理设备大都设置在集中的空调机房内，空气经处理后由风道送入各房间）、分布式系统（将冷、热源和空气处理与输送设备整个组装的空调机组，按需要直接放置在空调房内或附近的房间内，每台机组只供一个或几个小房间，或者一个大房间内放置几台机组）、半集中式系统（集中处理部分或全部风量，然后送往各个房间或各区进行再处理）。

5. 电气设备

室内配电用的电压，最普通的为 220V/380V 三相四线制、50 Hz 交流电压。220V 单相负载用于电灯照明或其他家用电器设备。380V 三相负载多用于有电动机的设备。

导线是供配电系统中的一个重要组成部分，包括导线型号与导线截面的选择。供电线路中导线型号的选择，是根据使用的环境、敷设方式和供货的情况而定。导线截面的选择，应根据机械强度、导线电流的大小、电压损失等因素确定。

配电箱是接受和分配电能的装置。配电箱按用途，可分为照明和动力配电箱；按安装形式，可分为明装（挂在墙上或柱上）、暗装和落地柜式。用电量小的建筑物可只设一个配电箱；用电量较大的可在每层设分配电箱，在首层设总配电箱；对于用电量大的建筑物，根据各种用途可设置数量较多的各种类型的配电箱。

电开关包括刀开关和自动空气开关。前者适用于小电流配电系统中，可作为一般电灯、电器等回路的开关来接通或切断电路，此种开关有双极和三极两种；后者主要用来接通或切断负荷电流，因此又称为电压断路器。开关系统中一般还应设置熔断器，主要用来保护电气设备免受过负荷电流和短路电流的损害。

电表用来计算用户的用电量，并根据用电量来计算应缴电费数额，交流电度表可分为单相和三相两种。选用电表时要求额定电流大于最大负荷电流，并适当留有余地，考虑今后发展的可能。

我国是受雷电灾害严重危害的国家。雷电是大气中的自然放电现象，它有可能破坏建筑物及电气设备和网络，并危及人的生命。因此，建筑物应有防雷装置，以避免遭受雷击。建筑物的防雷装置一般由接闪器（避雷针、避雷管或避雷网）、引下线和接地装置三个部分组成。避雷针是作防雷用，其功能不在于避雷，而是接受雷电流。一般情况下，优先考虑采用避雷针，也可采用避雷带或避雷网。引下线一般采用圆钢或扁钢制成，沿建筑物外墙敷设，并以最短路径与接地装置连接。接地装置一般由角钢、圆钢、钢管制成，其作用是将雷电流散泄到大地中。

6. 燃气设备

燃气是一种气体燃料，根据其来源，可分为天然气、人工煤气和液化石油气。燃气具有较高的热能利用率，燃烧温度高，火力调节容易，使用方便，燃烧时没有灰渣，清洁卫生。但是，燃气易引起燃烧或爆炸，火灾危险性较大，人工煤气具有较强的毒性，容易引起中毒事故。因此，燃气管道及设备等的设计、敷设或安装，都应有严格的要求。

城市燃气一般采用管道供应，其供应系统由气源、供应管网及储备站、调压站等组成。城市燃气供应管网通常分为街道燃气管网和庭院燃气管网两部分，根据输送压力的不同，又可分为低压管网（$P \leq 5\text{kPa}$）、中压管网（$5\text{kPa} < P \leq 150\text{kPa}$）、次高压管网（$150\text{kPa} < P \leq 300\text{kPa}$）、高压管网（$300\text{kPa} < P \leq 800\text{kPa}$）。燃气经过净化后通常先输入街道高压管网或次高压管网，经过燃气调压站，进入街道中压管网，然后经过区域燃气调压站，进入街道低压管网，再经过庭院管网接入用户。临近街道的建筑物也可直接由街道低压管网引入。

室内燃气供应系统由室内燃气管道、燃气表和燃气用具等组成。燃气经过室内燃气管道、燃气表再达到各个用气点。

室内燃气管道由引入管、立管和支管等组成，不得穿过变配电室、地沟、烟道等地方，必须穿过时，需采取相应的措施加以保护。燃气引入管穿越建筑物的基础时应加设套管，应有一定的坡度通向室外，并设有阀门。燃气立管进户应设总阀门，穿越楼板时应加设套管，上下端设活接头，以便于检修。燃气支管从立管上接出，并设有阀门，应有一定的坡度通向各个用气点。

燃气表所在的房间室温应高于 0℃，一般直接挂装在墙上。当燃气表与燃气灶之间的净距大于 300mm 时，表底距地面的净距不小于 1.4m；当燃气表与燃气灶之间的净距小于 300mm 时，表底距地面的净距不小于 1.8m。

常用的燃气用具有燃气灶、燃气热水器、家庭燃气炉、燃气开水炉等。

7. 电梯设备

电梯是沿固定导轨自一个高度运行至另一个高度的升降机，是一种建筑物的竖向交通工具。电梯的类型、数量及电梯厅的位置对高层建筑人群的疏散起着重要作用。

电梯按使用性质，可分为客梯、货梯、消防电梯、观光电梯。客梯主要用于人们在建筑中竖向的联系。货梯主要用于运送货物及设备。消防电梯主要用于发生火灾、爆炸等紧急情况下作安全疏散人员和消防人员紧急救援使用。观光电梯是把竖向交通工具和登高流动观景相结合的电梯。

电梯按行驶速度，可分为高速电梯、中速电梯、低速电梯。消防电梯的常用速度大于 2.5m/s，客梯速度随层数增加而提高。中速电梯的速度为 1.5～2.5m/s，低速电梯的速度在 1.5m/s 之内。

电梯的设置首先应考虑安全可靠，方便用户，其次才是经济。电梯由于运行速度快，可节省交通时间。在商店、写字楼、宾馆等均可设置电梯。一般一部电梯有服务人数在 400 人以上，服务面积为 450～650m²。在住宅中，为满足日常使用，设置电梯应符合以下要求：（1）7 层以上（含 7 层）的住宅或住户入口层楼面距室外设计地面的高度超过 16m 以上的住宅，必须设置电梯。（2）12 层以上（含 12 层）的住宅，设置电梯不应少于两台，其中宜配置一台可容纳担架的电梯。（3）高层住宅电梯宜每层设站，当住宅电梯非每层设站时，不设站的层数不应超过两层。塔式和通廊式高层住宅电梯宜成组集中布置。单元式高层住宅每单元只设一部电梯时，应采用联系廊连通。

电梯及电梯厅应适当集中，位置要适中，以便各层和层间的服务半径均等。电梯在高层建筑中的位置一般可归纳为：在建筑物平面中心；在建筑物平面的一侧；在建筑物平面基本体量以外。在建筑平面布置中，电梯厅与主要通道应分隔开，以免相互干扰。

8. 智能化设备

楼宇智能化是以综合布线系统为基础，综合利用现代 4C 技术（现代计算机技术、现代通信技术、现代控制技术、现代图形显示技术），在建筑物内建立一个由计算机系统统一管理的一元化集成系统，全面实现对通信系统、办公自动化系统和各种建筑设备（空调、供热、给水排水、变配电、照明、电梯、消防、公共安全）等的综合管理。

楼宇智能化系统由下列三部分组成：

通信自动化（CA）。它是指建筑物本身应具备的通信能力，包括建筑物内的局域网和对外联络的广域网及远域网。通信自动化能为建筑物内的用户提供易于连接、方便、快速的各类通信服务，畅通音频电话、数字信号、视频图像、卫星通信等各类传输渠道。

办公自动化（OA）。它是指为最终使用者所具体应用的自动化功能，提供包括各类网络在内的饱含创意的工作场所和富于思维的创造空间，创造出高效有序及安逸舒适的工作环境，为建筑物内用户的信息检索与分析、智能化决策、电子商务等业务工作提供方便。

楼宇自动化（BA）。它主要是对建筑物内的所有机电设施和能源设备实现高度自动化和智能化管理，以中央计算机或中央监控系统为核心，对建筑物内设置的供水、电力照明、空气调节、冷热源、防火防盗、监控显示和门禁系统以及电梯等各种设备的运行情况，进行集中监测控制和科学管理，创造和提供一个人们感到适宜的温度、湿度、照明和空气清新的工作和生活环境，达到高效、节能、舒适、安全、便利和实用的要求。楼宇自动化系统应具备以下基本功能：（1）保安监视控制功能，包括保安闭路电视设备、巡更对讲通信设备、与外界连接的开口部位的警戒设备和人员出入识别装置紧急报警、处警和通信联络设施。（2）消防灭火报警监控功能，包括烟火探测传感装置和自动报警控制系统，联动控制启闭消火栓、自动喷淋及灭火装置，自动排烟、防烟、保证疏散人员通道通畅和事故照明电源正常工作等的监控设施。（3）公用设施监视控制功能，包括高低变压、配电设备和各种照明电源等设施的切换监视，给水、排水系统和卫生设施等运行状态进行自动切换、启闭运行和故障报警等监视控制，冷热源、锅炉以及公用贮水等设施的运行状态显示、监视告警、电梯、其他机电设备以及停车场出入自动管理系统等监视控制。

楼宇智能化系统也可分解为下列子系统：中央计算机及网络系统，办公自动化系统，建筑设备自控系统，智能卡系统，火灾报警系统．内部通信系统，卫星及公用天线系统，停车场管理系统，综合布线系统。

智能化楼宇的主要优点是：提供安全、舒适、高效率的工作环境，节约能耗，提供现代化的通信手段和信息服务，建立科学先进的综合管理机制。

智能化住宅要充分体现"以人为本"的原则，其基本要求有：在卧室、客厅等房间要设置电线插座，在卧室、书房、客厅等房间应设置信息插座，要设置可对讲和住宅出入口门锁控制装置，要在厨房内设置燃气报警装置，宜设置紧急呼叫求救按钮，宜设置水表、电表、燃气表、暖气的远程自动计量装置。

智能化居住区的基本要求：第一，设置智能化居住区安全防范系统。根据居住区的规模、档次及管理要求，可选设下列安全防范系统：居住区周边防范报警系统、居住区可对讲系统、110报警系统、电视监控系统和门禁及居住区巡更系统。第二，设置智能化居住区信息服务系统。根据居住区服务要求，可选设下列信息服务系统：有线电视系统、卫星接收装置、语音和数据传输网络和网上电子住处服务系统。第三，设置智能化居住区物业管理系统。根据居住区管理要求，可选设下列物业管理系统：水表、电表、燃气表、暖气的远程自动计量系统，停车管理系统，居住区背景音乐系统，电梯运行状态监视系统，居住区公共照明、给水排水等设备的自动控制系统，住户管理、设备管理等物业管理系统。

3.2 测评内容

在我国，通过房屋查验来衡量房屋的性状及质量好坏，需要科学、客观的评价依据。目前，主要的质量依据有如下三个方面：一是国家统一制定的建筑工程质量标准，在《建筑工程施工质量验收统一标准》中都有详尽的说明，这主要是针对房地产开发及建设环节。二是开发企业销售房屋给普通消费者时，出具的《住宅质量保证书》和《住宅使用说明书》两个文件，是消费者确认房屋性状及决定未来保修、维护责任的主要凭证。三是各类质量监督检验机构、验房机构及验房师等出具的各类证明材料，这些材料有的具有法律效力，有的只是基本判断和说明。因此，统一房屋查验的质量评价和性状评判标准，将是我国验房业下一步重点聚焦的领域。

目前，房屋质量评价方面的标准主要有：
（1）《建筑工程施工质量验收统一标准》（GB 50300—2013）
（2）《建筑地基基础工程施工质量验收规范》（GB 50202—2002）
（3）《砌体工程施工质量验收规范》（GB 50203—2011）
（4）《混凝土结构工程施工质量验收规范》（GB 50204—2002）（2011 年版）
（5）《钢结构工程施工质量验收规范》（GB 50205—2001）
（6）《木结构工程施工质量验收规范》（GB 50206—2012）
（7）《屋面工程质量验收规范》（GB 50207—2012）
（8）《地下防水工程质量验收规范》（GB 50208—2011）
（9）《建筑地面工程施工质量验收规范》（GB 50209—2010）
（10）《建筑装饰装修工程质量验收规范》（GB 50210—2001）
（11）《建筑防腐蚀工程施工及验收规范》（GB 50212—2002）
（12）《建筑给水排水及采暖工程施工质量验收规范》（GB 50242—2002）
（13）《通风与空调工程施工质量验收规范》（GB 50243—2002）
（14）《电梯工程施工质量验收规范》（GB 50310—2002）
（15）《建筑电气工程施工质量验收规范》（GB 50303—2002）

3.2.1 一般要求

作为房屋，最基本的测评要求是安全、适用、经济、美观。
（1）安全是对房屋的最重要、最基本的要求。对房屋安全的基本要求，是在选址及建造上使房屋不会倒塌，没有严重污染。不会倒塌包括地基、基础、上部结构等均稳固，能抵抗地震，不会被洪水淹没，不会发生坍方、滑坡，不会遭受泥石流，木结构的房屋还包括没有白蚁危害。没有严重污染包括建筑材料（含建筑装饰材料）和地基不会产生严重污染，如不是在未经严格处理过的化学污染地、垃圾填埋地上建造的。

（2）适用的基本要求主要包括防水、保温、隔热、隔声、通风、采光、日照等方面良好，功能齐全，空间布局合理。防水的基本要求是屋顶或楼板不漏水，外墙不渗雨。保温、隔热的基本要求是冬季能保温，夏季能隔热、防热。隔声的基本要求是为了防止噪声和保护私密性，能阻隔声音在室内与室外之间、上下楼层之间、左右隔壁之间、室内各房间之间传递。通风的基本要求是能够使室内与室外之间空气流通，保持室内空气新鲜。采光、日照的基本要求是白天室内明亮，室内有一定的空间能够获得一定时间的太阳光照射。采光、日照对住宅和办公楼比较重要。功能齐全是针对用途来说的，不是绝对无必要的齐全，因此，其基本要求是具有该种用途所必要的设施、设备，能满足使用要求，如具备道路、给水（上水）、排水（下水）、供电、通信、燃气、热力（供暖）、有线电视、宽带等。空间布局合理也是针对用途来说的，其基本要求是平面布置合理，交通联系方便，有利于使用。

（3）经济的基本要求是不仅一次性的构件价格不高，而且在使用过程中所需支出的费用也不高，即运营费用低，包括节省维修养护费，节约采暖、空调、照明的能耗等。

有些房屋虽然造价、售价高一些，但由于采用了质量好的建筑材料、建筑构配件、建筑设备，能节省维修养护等费用，从而综合来看仍然是经济的。而有些房屋则相反，虽然造价、售价较低，但由于质量差，经常需要维修，从而综合来看可能是不经济的。当然，也有一些为了不必要的功能、环境而增加了造价、售价，同时使用过程中的维修养护费用也高的现象，如不必要的会所、人造水系、低层带电梯等。

（4）美观的基本要求是房屋造型和色彩使人有好感，特别是在外形方面不会让人产生不好的联想。

3.2.2 房屋开发及施工阶段的质量测评

针对房屋开发及施工阶段，我国出台了许多质量标准和操作规程。目前，涉及房屋质量的验收标准共有18种，包括工程施工、各类设备安装、各类场地及施工安全等多个方面。与此同时，由于近年来我国房地产业发展迅速，住房交易量增长较快，因此围绕房屋质量问题，特别是房屋交易时有关房屋质量的纠纷也越来越多。各级政府部门、行业协会和自律性开发企业组织，也纷纷出台各种法律法规、质量规范和收房标准等，对房屋开发及施工的房屋质量进行规定。这些规定也是该阶段房屋查验的主要标准、依据。

1. 《建筑工程施工质量验收统一标准》

2001年出台的《建筑工程施工质量验收统一标准》最具权威性和统一性，它是对1998年原有《标准》的修订与更新，组成了新的工程质量验收规范体系，以统一建筑工程施工质量的验收方法、质量标准和程序。

这个标准规定了建筑工程各专业工程施工验收规范编制的统一准则和单位工程验收质量标准、内容和程序等；增加了建筑工程施工现场质量管理和质量控制要求；提出了检验批质量的抽样方案要求；规定了建筑工程施工质量验收中子单位和子分部工程的划分、涉及建筑工程安全和主要使用功能的见证取样及抽样检测。建筑工程各专业工程施工质量验收规范必须与本标准配合使用。

2. 最高法院关于房屋质量问题的司法解释

最高人民法院于 2003 年出台了《最高人民法院关于审理商品房买卖合同纠纷案件适用法律若干问题的解释》（法释［2003］7 号），共 28 条，其中涉及房屋质量问题的有如下几条：

第十二条：因房屋主体结构质量不合格不能交付使用，或者房屋交付使用后，房屋主体结构质量经核验确属不合格，买受人请求解除合同和赔偿损失的，应予支持。

第十三条：因房屋质量问题严重影响正常居住使用，买受人请求解除合同和赔偿损失的，应予支持。交付使用的房屋存在质量问题，在保修期内，出卖人应当承担修复责任；出卖人拒绝修复或者在合理期限内拖延修复的，买受人可以自行或者委托他人修复。修复费用及修复期间造成的其他损失由出卖人承担。

第十四条：出卖人交付使用的房屋套内建筑面积或者建筑面积与商品房买卖合同约定面积不符，合同有约定的，按照约定处理；合同没有约定或者约定不明确的，按照以下原则处理：

（1）面积误差比绝对值在 3% 以内（含 3%），按照合同约定的价格据实结算，买受人请求解除合同的，不予支持；

（2）面积误差比绝对值超出 3%，买受人请求解除合同、返还已付购房款及利息的，应予支持。买受人同意继续履行合同，房屋实际面积大于合同约定面积的，面积误差比在 3% 以内（含 3%）部分的房价款由买受人按照约定的价格补足，面积误差比超出 3% 部分的房价款由出卖人承担，所有权归买受人；房屋实际面积小于合同约定面积的，面积误差比在 3% 以内（含 3%）部分的房价款及利息由出卖人返还买受人，面积误差比超过 3% 部分的房价款由出卖人双倍返还买受人。

3.《住宅工程质量分户验收管理规定》

2006 年，原建设部工程质量安全监督与行业发展司向各地主管部门转发了北京市建设委员会《住宅工程质量分户验收管理规定》和《关于实施住宅工程质量分户验收工作的指导意见》，要求各地结合本地区实际以及建筑节能工作要求，逐步建立住宅工程。"一户一验"制度，进一步推动住宅工程质量（包括建筑节能）整体水平的提高。这两个文件的主要内容如下所示。

《住宅工程质量分户验收管理规定》指出，住宅工程建设单位、施工单位和监理单位要强化检验批验收，对于不符合质量要求的检验批，应当严格按照《建筑工程施工质量验收统一标准》的有关规定进行处理。通过返修或者加固处理仍不能满足安全使用要求的分部工程、单位（子单位）工程，严禁验收。住宅工程建设单位必须按照《建设工程质量管理条例》和住房和城乡建设部的有关规定，严格工程竣工验收程序，验收合格后方可交付使用。住宅工程竣工验收时，建设单位应当先组织施工和监理单位有关人员进行质量分户验收。已选定物业公司的，物业公司应当参加住宅工程质量分户验收工作。住宅工程质量分户验收应当依据国家和本市工程质量标准、规范以及经审查合格的施工图设计文件进行。

其中，对于住宅工程质量分户验收的标准和依据，也作了具体规定。规定要求，房屋验收时，在确保工程地基基础和主体结构安全可靠的基础上，以检查工程观感质量和使用功能质量为主，主要包括以下检查内容：

（1）建筑结构外观及尺寸偏差；

（2）门窗安装质量；

（3）地面、墙面和顶棚面层质量；

（4）防水工程质量；

（5）采暖系统安装质量；

（6）给水、排水系统安装质量；

（7）室内电气工程安装质量；

（8）其他规定、标准中要求分户检查的内容。

同时，《住宅工程质量分户验收管理规定》还要求，在分户验收前根据房屋情况确定检查部位和数量，并在施工图纸上注明；分户验收合格后，必须按户出具由建设、施工、监理单位负责人签字或签章确认的《住宅工程质量分户验收表》，并加盖建设、施工、监理单位质量验收专用章。如果住宅工程质量分户验收不合格的，建设单位不得组织单位工程竣工验收。

4.《关于实施住宅工程质量分户验收工作的指导意见》

在上述《住宅工程质量分户验收管理规定》的基础上，为了进一步明确住宅质量验收标准和相应内容，北京市建委在 2006 年又发布了《关于实施住宅工程质量分户验收工作的指导意见》，对相关事宜进行了详细规定：

《关于实施住宅工程质量分户验收工作的指导意见》规定，住宅工程质量分户验收（以下简称分户验收）应依据国家和本市工程质量标准、规范，对单位工程每套住宅和规定的公共部位进行验收。分户验收的质量标准主要包括《混凝土结构工程施工质量验收规范》、《建筑装饰装修工程质量验收规范》、《建筑地面工程施工质量验收规范》、《建筑给水排水及采暖工程施工质量验收规范》、《建筑电气工程施工质量验收规范》、《建筑工程施工质量验收统一标准》等相关规范标准。

分户验收应以单位工程每套住宅和公共部分的走廊（含楼梯间、电梯间）、地下车库划分为一个子单位工程进行验收。分户验收应以竣工验收时可观察到的工程观感质量和影响使用功能的质量为主要验收项目，分户验收内容应以检验、检查内容为主。在施工过程中和竣工验收时，应依据质量验收标准以及经审查合格的施工图设计文件，对每套住宅涉及的分户验收项目和验收内容进行验收。初装修住宅工程分户验收内容主要涉及表 3-2 所示 7 类 20 个项目。

初装修住宅工程分户验收内容　　　　　　　　　　　　　　　　表 3-2

类　别	项　目
1. 建筑结构外观及尺寸偏差	① 现浇结构外观及尺寸偏差分户质量验收记录表
2. 门窗安装质量	② 铝合金门窗安装工程分户质量验收记录表
	③ 塑料门窗安装工程分户质量验收记录表
	④ 木门窗安装工程分户质量验收记录表
	⑤ 特种门安装工程分户质量验收记录表
3. 墙面、地面和顶棚面层质量	⑥ 一般抹灰工程分户质量验收记录表
	⑦ 水性涂料涂饰工程分户质量验收记录表
	⑧ 水泥混凝土面层分户质量验收记录表
	⑨ 水泥砂浆面层分户质量验收记录表

类　别	项　目
4. 防水工程质量	⑩ 隔离层分户质量验收记录表
5. 采暖系统安装质量	⑪ 室内采暖辅助设备及散热器及金属辐射板安装工程分户质量验收记录表
	⑫ 室内采暖管道发配件安装工程分户质量验收记录表
	⑬ 低温热水地板辐射采暖系统安装工程分户质量验收记录表
6. 给水、排水系统安装质量	⑭ 室内给水管道及配件安装工程分户质量验收记录表
	⑮ 室内排水管道及配件安装工程分户质量验收记录表
	⑯ 建筑中水系统及游泳池水系统安装工程分户质量验收记录表
7. 室内电气工程安装质量	⑰ 普通灯具安装分户质量验收记录表
	⑱ 开关、插座、风扇安装分户质量验收记录表
	⑲ 成套配电机、控制柜（屏、台）和动力、照明配电箱（盘）安装分户质量验收记录表
	⑳ 建筑物等电位联结分户质量验收记录表

3.2.3　房屋销售阶段的质量测评

在我国商品房交易过程中，开发企业在交房时要交给、业主《住宅质量保证书》和《住宅使用说明书》两个文件，用以确保房屋质量及功能符合设计要求。

1. 《住宅质量保证书》

《住宅质量保证书》是鉴于房屋的特殊属性，为了维护购房者的合法权益，国家对住宅质量进行的专项规定，要求开发商建造的房屋必须达到一定的标准，并要求开发商承担一定期限的保修责任。通常房屋保修的事项应该由开发商亲自负责维修和处理，如果，开发商委托物业管理公司等其他单位负责保修事宜的，必须在《住宅质量保证书》中对所委托的单位予以明示，保证购房者权益获得实际保护。

它的主要内容包括以下四个方面：

（1）房屋经工程质量监督部门验收后确定的质量等级。

（2）注明房屋基础构造的使用期限和保修责任；房屋基础构造指房屋的地基基础和房屋主体结构。

（3）各部位、部件的保修内容和保修时间；国家对部分内容规定的最低保修内容和期限，具体有：屋面防水 5 年；墙面、厨房和卫生间地面、地下室、管道渗漏 2 年；墙面、顶棚抹灰层脱落 1 年；门窗翘裂、五金部件损坏 1 年；地面空鼓开裂、大面积起砂 1 年；管道堵塞 2 个月；供热、供冷系统和设备 1 个采暖期或供冷期；卫生洁具 1 年；灯具、电器开关 6 个月。

（4）房屋发生上述情况时，负责处理购房者报修、答复和处理等事项的具体单位。

2. 《住宅使用说明书》

《住宅使用说明书》应当对住宅的结构、性能和各部位（部件）的类型、性能、标准等做出说明，并提出使用注意事项。

一般包括：

开发单位、设计单位、施工单位，委托监理的应注明监理单位；

结构类型；

装修、装饰注意事项；

给水、排水、电、燃气、热力、通信、消防等设施配置的说明；

有关设备、设施安装预留位置的说明和安装注意事项；

门、窗类型，使用注意事项；

配电负荷；

承重墙、保温墙、防水层、阳台等部位注意事项的说明；

其他需说明的问题。

3.2.4 消费者获得房屋以后的质量测评

消费者对于新购的毛坯房，由于设计、施工、气候等客观原因或多或少产生质量原因，如空鼓、渗漏、裂缝、墙体倾斜、偷工减料等，给以后装修、使用过程中带来极大的不便，这些问题都对发现后才处理带来极大的麻烦；而房屋交房时点当场发现了问题就可以当场及时解决，如修理或者赔偿等。根据国家主管部门制定的统一规范和行业协会颁布的操作规程，有关房屋质量验收方面的，或是房屋性状判定方面的标准都可以作为消费者获取房屋时评价房屋性状及质量状况的基本依据。同时．这些规定和标准也可以作为验房师进行房屋查验的判定依据或问题处理对策。

1. 楼地面

1）空鼓

参照标准：《建筑地面工程施工质量验收规范》（GB 50209—2010）5.2.6 条规定地面空鼓不应大于 $400cm^2$，且每自然间或标准间不应多于 2 处。

2）踢脚线空鼓

参照标准：《建筑地面工程施工质量验收规范》（GB 50209—2010）5.2.9 条规定局部空鼓长度不应大于 300mm，且每自然间或标准间不应多于 2 处。

3）地面找坡

参照标准：《建筑地面工程施工质量验收规范》（GB 50209—2010）5.2.7 条规定面层的坡度应符合设计要求，不得有倒泛水和积水现象。

4）渗水、水渍

参照标准：《建筑地面工程施工质量验收规范》（GB 50209—2010）4.10.13 条规定防水隔离层严禁渗漏，排水的坡向应正确、排水通畅。

5）地面面层观感

参照标准：《建筑地面工程施工质量验收规范》（GB 50209—2010）5.2.7 条规定面层表面应洁净，不应有裂纹、脱皮、麻面、起砂等缺陷。

6）楼层地面高差

参照标准：《建筑地面工程施工质量验收规范》（GB 50209—2010）3.0.18 条规定有排水（或其他液体）要求的建筑地面面层与相连各类面层的标高差应符合设计要求（一般为 30mm）。

2. 墙体

1）空鼓

参照标准：《建筑装饰装修工程质量验收规范》（GB 50210—2001）4.2.5 条规定抹灰

层与基层之接必须粘结牢固，应无空鼓、脱层、爆灰和裂缝❶。

2）裂缝

参照标准：《建筑装饰装修工程质量验收规范》（GB 50210—2001）4.2.5 条规定抹灰层与基层之接必须粘结牢周，应无空鼓、脱层、爆灰和裂缝。

3）表面平整度

参照标准：《建筑装饰装修工程质量验收规范》（GB 50210—2001）4.2.11 条规定允许偏差为 4mm（按普通抹灰计）。

4）立面垂直度

参照标准：《建筑装饰装修工程质量验收规范》（GB 50210—2001）4.2.11 条规定允许偏差为 4mm（按普通抹灰计）。

5）涂料

参照标准：《建筑装饰装修工程质量验收规范》（GB 50210—2001）10.2.4 条规定应涂饰均匀、粘结牢固，不得漏涂、透底、起皮和掉粉、起皮。

3. 门窗

1）表面质量

参照标准：《建筑装饰装修工程质量验收规范》（GB 50210—2001）5.4.8 条规定塑料门窗表面应洁净、平整、光滑，大面应无划痕、碰伤。

2）门洞最小宽度、高度

参照标准：《住宅设计规范》（GB 50096—2011）5.8.7 条规定公用外门 1.2m，护（套）门 1.0m、起居室、卧室门 0.9m，厨房门 0.8m，卫生间、阳台门（单扇）0.7m，洞口高度统一为 2m。

3）玻璃品种

参照标准：《建筑装饰装修工程质量验收规范》（GB 50210—2001）5.6.2 条规定品种、规格、尺寸、色彩应符合设计要求，单块玻璃大于 1.5m² 时应使用安全玻璃（9.2.4条规定安全玻璃指夹层玻璃和钢化玻璃）。

4）门窗扇安装

参照标准：《建筑装饰装修工程质量验收规范》（GB 50210—2001）5.3.4（铝）、5.4.5（塑）条规定必须安装牢固并应开关灵活，关闭严密．无倒翘，推拉门窗必须有防脱落措施。

5）框正、侧面垂直度

参照标准：《建筑装饰装修工程质量验收规范》（GB 50210—2001）5.3.12（铝）条规定允许偏差为 2.5mm。5.4.13（塑）条规定允许偏差为 3mm。

6）门窗槽口对角线

参照标准：《建筑装饰装修工程质量验收规范》（GB 50210—2001）5.3.12（铝）条规定小于等于 2m，允许偏差 3mm．大于 2m，允许偏差为 4mm。5.4.13（塑）条规定小于

---

❶ 实际检验中墙面空鼓允许的范围为：单面墙体小于 5m²，允许 1 处空鼓，空鼓面积不大于 5cm²；单面墙体大于 5m²；最多允许 2 处空鼓，每处空鼓面积不大于 5cm²；墙面裂缝问题产生原因主要是受温度和材料影响。不同材料组成的墙体因材料膨胀系数不同并受温度影响产生裂缝。

等于 2m，允许偏差 3mm，大于 2m，允许偏差为 5mm。

4．电气

1）电源插座数量

参照标准：《住宅设计规范》（GB 50096—2011）8.7.6 条规定卧室设置一个单相三线和一个单相二线的插座两组，厨房设置防减水型一个单相三线和一个单相二线的插座两组，卫生间设置防减水型一个单相三线和一个单相二线的插座一组，起居室设置一个单相三线和一个单相二线的插座三组，布置洗衣机、冰箱、排气机械和空调器等处设置专用单相三线插座各一个。

2）卫生间插座

参照标准：《建筑电气工程施工质量验收规范》（GB 50303—2002）22，1.3 条规定潮湿场所采用密封型并带接地线触头的保护型插座，安装高度不低于 1500mm。

3）户内箱

参照标准：《建筑电气工程施工质量验收规范》（GB 50303—2002）6.2.8 条规定接线整齐，回路编号齐全，标志正确。

5．排水

1）通气管高度、位置是否合理

参照标准：《建筑给水排水及采暖工程施工质量验收规范》（GB 50242—2002）5.2.10 条规定不得与风道或烟道连接。应高出屋面 300mm。在通气管出口 4m 以内有门窗时，应高出门窗顶 600mm 或引向无门窗一侧。在经常有人停留的平屋顶上，通气管应高出屋面 2m。

2）排水管有无倒坡

参照标准：《建筑防腐蚀工程施工及验收规范》（GB 50212—2002）5.2.3 条规定生活污水管道坡度必须符合设计要求。

6．楼梯、栏杆

1）扶手、栏杆外观

参照标准：《建筑装饰装修工程质量验收规范》（GB 50210—2001）12.5.8 条规定护栏和扶手表面应光滑，色泽应一致，不得有裂缝、翘曲及损坏。

2）公共楼梯平台净宽

参照标准：《住宅设计规范》（GB 50096—2011）6.3.3 规定不应小于楼梯梯段净宽且不小于 1200mm，楼梯平台的结构下缘至人行通道的垂直高度不应低于 2000mm。

3）栏杆间距

参照标准：《民用建筑设计通则》（GB 50352—2005）6.6.3 条规定杆件净距不应大于 110mm，必须采用防止少年儿童攀登的构造。

4）公共楼梯段净宽

参照标准：《住宅设计规范》（GB 50096—2011）6.3.1 规定七层和七层以上房屋不应小于 1.1m，六层及六层以下不应小于 1.0m。

7．屋面

1）卷材收头

参照标准：《屋面工程质量验收规范》（GB 50207—2012）6.2.14 条、8.2.4 条、

8.2.5 条、8.3.4 条、8.4.5 条、8.4.6 条、8.7.5 条、8.8.3 条、8.8.4 条规定天沟、檐沟、檐口、泛水和卷材收头的端部应裁齐，塞入预留凹槽内，用金属压条钉压固定，并用密封材料嵌填封严。

2）露台分格缝

参照标准：《屋面工程质量验收规范》（GB 50207—2012）4.4 条和 4.5 条规定水泥砂浆、块材或细石混凝土保护层与卷材防水层应设置隔离层，刚性保护层的分格缝留置应符合设计要求。4.5 条规定细石混凝土防水层的分格缝，应设在屋面板的支承端、屋面转折处、防水层与突出屋面结构的交接处，其纵横间距不宜大于 6m。分格缝内应嵌填密封材料。

8. 烟道

参照标准：《民用建筑设计通则》（GB 50352—2005）8.2.4 条规定通风系列就符合下列要求：2 废气排放不应设置在有人停留或通行的地带。《建筑给水排水及采暖工程施工质量验收规范》（GB 50242—2002）5.2.10 条规定应高出屋面 300mm。在通气管出口 4m 以内有门窗时，应高出门窗顶 600mm 或引向无门窗一侧。在经常有人停留的平屋顶上，通气管应高出屋面 2m。

9. 预留孔

参照标准：《住宅设计规范》（GB 50096—2011）6.8 条规定无外窗的卫生间，应设置有防回流可构造的排气通风道，并预留安装排气机械的位置和条件。

4 房屋状况评价标准

4.1 基本概念

房屋状况是反映房屋最基本性状的内容，包括位置、朝向、格局、面积等。这些房屋状况大都是房屋的初始状态和客观状态。对评价房屋性状很有帮助，包括房屋物理状况、权属状况、完损状况和折旧状况。

房屋的物理状况是指房屋本身所具有的各种特征，包括面积、样式、朝向、空间布局、权属等，这是评价房屋性状的重要参考和对照。房屋的权属状况是房屋权属所有、权属转移及权属待定的状态，是决定房屋归属的重要属性。完损状况是反映房屋新旧程度的评价标准，对了解房屋功能、寿命和做出维修建议很有帮助。折旧状况是衡量房屋使用过程中功能及价值损失的主要因素。

4.1.1 物理状况

1. 面积

房屋面积主要有建筑面积、使用面积，成套房屋还有套内建筑面积、共有建筑面积、分摊的共有建筑面积，此外还有预测面积、实测面积、合同约定面积、产权登记面积。

建筑面积：是指房屋外墙（柱）勒脚以上各层的外围水平投影面积，包括阳台、挑廊、地下室、室外楼梯等，且具备上盖，结构牢固，层高 2.2m 以上（含 2.2m，下同）的永久性建筑。

使用面积：是指房屋户内全部可供使用的空间面积，按房屋的内墙面水平投影计算。

套内建筑面积：是指由套内房屋使用面积、套内墙体面积、套内阳台建筑面积三部分组成的面积。

共有建筑面积：是指各产权人共同占有或共同使用的建筑面积，它应按一定方式在各产权人之间进行分摊。

分摊的共有建筑面积：是指某个产权人在共有建筑面积中所分摊的面积。

预测面积：根据预测方式的不同，预测面积分为按图纸预测的面积和按已完工部分结合图纸预测的面积两种。按图纸预测的面积，是指在商品房预售时按商品房建筑设计图上尺寸计算的房屋面积。按已完工部分结合图纸预测的面积，是指对商品房已完工部分实际测量后，结合商品房建筑设计图，测算出的房屋面积。

实测面积：又称竣工面积，是指房屋竣工后由房产测绘单位实际测量后出具的房屋面积实测数据。实测面积有时与预测面积不一致，原因可能是允许的施工误差、测最误差造成的，也可能是工程变更（包括建筑设计方案变更）、施工错误、施工放样误差过大、房屋竣工后原属于应分摊的共有建筑面积的功能或服务范围改变等造成的。

合同约定面积：简称合同面积，是指商品房出卖人和买受人在商品房预（销）售合同中约定的所买卖商品房的面积。

产权登记面积：是指由房产测绘单位测算，标注在房屋权属证书上、记入房屋权属档案的房屋的建筑面积。

2. 空间布局

房屋的空间布局是卧室、客厅、卫生间、厨房等功能区域的数量及相对位置。

住宅的户型按平面组织可分为独栋公寓、二室一厅、二室二厅、三室一厅、三室二厅、四室二厅等。按剖面变化可分为复式、跃层式、错层式等。

查验的时候要注意是否与自己购房合同的规定相符，位置、大小、规格是否正确。

3. 开间与进深

住宅的开间，就是住宅的宽度。在 1987 年颁布的《住宅建筑协调标准》中，规定了砖混结构住宅建筑开间的常用参数：2.1m、2.4m、2.7m、3.0m、3.3m、3.6m、3.9m、4.2m。

住宅的进深，是指住宅的实际长度。在 1987 年颁布的《住宅建筑协调标准》中，规定了砖混结构住宅建筑进深的常用参数：3.0m、3.3m、3.6m、3.9m、4.2m、4.5m、4.8m、5.1m、5.4m、5.7m、6.0m。为了保证住宅有良好的自然采光和通风条件，进深不宜过大。

4. 层高与净高

住宅的层高，是指下层地板面或楼板面到上层楼层面的距离，也就是一层房屋的高度。在 1987 年颁布的《住宅建筑协调标准》中，规定了砖混结构住宅建筑的层高参数：2.6m、2.7m、2.8m。

住宅的净高，下层地板面或楼板上表面到上层楼板下表面之间的距离，净高和层高的关系可以用公式来表示：净高＝层高-楼板厚度，即层高和楼板厚度的差叫净高。

房屋的开间、进深和层高，就是住宅的宽度、长度和高度，这三大指标是确定住宅价格的重要因素，这三大因素的尺寸越大，建筑工艺相对就越复杂，建造的难度就越大，同时所消耗的建材就越多，导致建造的成本也会越高。房屋层数是指房屋的自然层数，一般按室内地坪±0.000m 以上计算；采光窗在室外地坪以上的半地下室，其室内层高在 2.2m 以上（含 2.2m）的，计算自然层数。假层、附层（夹层）、插层、阁楼（暗楼）、装饰性塔楼，以及突出屋面的楼梯间、水箱间不计层数，房屋总层数为房屋地上层数与地下层数之和。

5. 外观与高度

建筑外观就是建筑物的外在形象。

建筑高度是指建筑物室外地面到其檐口或层面面层的高度。屋顶上的水箱间、电梯机房、排烟机房和楼梯出口小间等不计入建筑高度。

住宅按照层数，分为低层住宅、多层住宅、中高层住宅和高层住宅。其中，1～3 层的住宅为低层住宅，4～6 层的住宅为多层住宅，7～9 层的住宅为中高层住宅，10 层及以上的住宅为高层住宅。

公共建筑及综合性建筑，总高度超过 24m 的为高层，但不包括总高度超过 24m 的单层建筑。

建筑总高度超过 100m 的，不论是住宅还是公共建筑、综合性建筑，均称为超高层建筑。

4.1.2 权属状况

房屋的权属状况跟交易情况有关，房屋交易的实质是房屋产权的交易，因此产权清晰是成交的前提条件。在现实生活中，有几类房屋权属问题容易被忽略。

1. 有房屋未必就有产权

单位自建的房屋，农村宅基地上建造的房屋，社区或项目配套用房，未经规划或报建批准的房屋等，都有可能不是完全产权，容易导致成效困难。所以．确认好房屋的权属，是房屋查验的前提条件。

2. 有房地产证未必就有产权

房地产证遗失补办后发生过转让的情形，原房地产证显然没有产权；有房地产证而遭遇查封甚至强制拍卖的情形，原房地产证也就没有了产权；当然还有伪造房地产证的情形。

3. 产权是否登记

预售商品房未登记、抵押商品房未登记是比较常见的情形，仅凭购买合同或抵押合同是不能完全界定产权状态的。

4. 产权是否完整

已抵押的房屋未解除抵押前，业主不得擅自处置；公房上市也需要补交地价或其他款项，符合已购公有住房上市出售条件，才能出售。

5. 产权有无纠纷

在拍卖市场竞得的房屋可能存在纠纷，这是因为债务人有意逃避债务导致的；而涉及婚姻或财产继承的情况也会让产权转移变得复杂；租赁业务中比较多的情形是，依法确定为拆迁范围内的房屋后，产权人将房屋出租。

同时，《城市房地产管理法》及《城市房地产转让管理规定》都明确规定了房地产转让应当符合的条件，采取排除法规定了下列房地产不得转让：

（1）达不到下列条件的房地产不得转让：以出让方式取得土地使用权用于投资开发的，按照土地使用权出让合同约定进行投资开发，属于房屋建设工程的，应完成开发投资总额的 25% 以上；属于成片开发的，形成工业用地或者其他建设用地条件。同时规定应按照出让合同约定已经支付全部土地使用权出让金，并取得土地使用权证书。做出此项规定的目的，就是严格限制炒卖地皮牟取暴利，并切实保障建设项目的实施。

（2）司法机关和行政机关依法裁定、决定查封或以其他形式限制房地产权利的。司法机关和行政机关可以根据合法请求人的申请或社会公共利益的需要，依法裁定、决定查封、决定限制房地产权利，如查封、限制转移等。在权利受到限制期间，房地产权利人不得转让该项房地产。

（3）依法收回土地使用权的。根据国家利益或社会公共利益的需要，国家有权决定收回出让或划拨给他人使用的土地，任何单位和个人应当服从国家的决定，在国家依法做出收回土地使用权决定之后，原土地使用权人不得再行转让土地使用权。

（4）共有房地产，未经其他共有人书面同意的。共有房地产，是指房屋的所有权、国有土地使用权为两个或两个以上权利人所共同拥有。共有房地产权利的行使需经全体共有人同意，不能因部分权利人的请求而转让。

（5）权属有争议的。权属有争议的房地产，是指有关当事人对房屋所有权和土地使用权的归属发生争议，致使该项房地产权属难以确定。转让该类房地产，可能影响交易的合法性，因此在权属争议解决之前，该项房地产不得转让。

（6）未依法登记领取权属证书的。产权登记是国家依法确认房地产权属的法定手续，未履行该项法律手续，房地产权利人的权利不具有法律效力，因此也不得转让该项房地产。

（7）法律和行政法规规定禁止转让的其他情形。法律、行政法规规定禁止转让的其他情形，是指上述情形之外，法律、行政法规规定禁止转让的情形。

《城市房地产管理法》规定："商品房预售的，商品房预购人将购买的未竣工的预售商品房再行转让的问题，由国务院规定。"为抑制投机性购房，2005 年 5 月 9 日，国务院决定，禁止商品房预购人将购买的未竣工的预售商品房再行转让。

4.1.3　完损状况

为了统一评定各类房屋的完损等级标准，科学地制订房屋维修计划，我国原城乡建设环境保护部（现住房和城乡建设部）在 1985 年曾颁布过《房屋完损等级评定标准（试行）》，时至今日，一直用于评定我国房屋的基本性状和质量等级。在这个《房屋完损等级评定标准（试行）》中，将房屋性状按照质量好坏程度分为"完好房、基本完好房、一般损坏房、严重损坏房和危险房"五类，适用于对房屋进行鉴定、管理时，其完损等级的评定。

在标准中，将房屋结构分为 4 类，分别是钢筋混凝土结构（承重的主要结构是用钢筋混凝土建造的）、混合结构（承重的主要结构是用钢筋混凝土和砖木建造的）、砖木结构（承重的主要结构是用砖木建造的）和其他结构（承重的主要结构是用竹木、砖石、土建造的简易房屋）。将各类房屋的结构组成分为基础、承重构件、非承重墙、屋面、楼地面 5 类；将装修组成分为门窗、外抹灰、内抹灰顶棚、细木装修 4 类；将设备组成分为水卫、电照、暖气及特种设备（如消火栓、避雷装置等）4 类，总共 13 类。

1. 完好房屋

完好房屋是指主体结构完好，不倒、不塌、不漏，庭院不积水，门窗设备完整，给水排水管道通畅，室内地面平整，能保证居住安全和正常使用的房屋，或者虽然有一些漏雨和轻微破损，或缺乏油漆保养，但经过小修能及时修复的房屋。

1）结构部分

（1）地基基础：有足够承载能力，无超过允许范围的不均匀沉降。

（2）承重构件：梁、柱、墙、板、屋架平直牢固，无倾斜变形、裂缝、松动、腐朽、蛀蚀。

（3）非承重墙：预制墙板节点安装牢固，拼缝处不渗漏；砖墙平直完好，无风化破损；石墙无风化弓凸；木、竹、芦帘、苇箔等墙体完整无破损。

（4）屋面：不渗漏（其他结构房屋以不漏雨为标准），基层平整完好，积尘甚少，排水畅通。平屋面防水层、隔热层、保温层完好；平瓦屋面瓦片搭接紧密，无缺角、裂缝瓦

（合理安排利用除外），瓦出线完好；青瓦屋面瓦垄顺直，搭接均匀，瓦头整齐，无碎瓦，节筒俯瓦灰梗牢固；镀锌薄钢板屋面安装牢固，镀锌薄钢板完好，无锈蚀；石灰炉渣、青灰屋面光滑平整；油毡屋面牢固无破洞。

（5）楼地面：整体面层平整完好，无空鼓、裂缝、起砂；木楼地面平整坚固，无腐朽、下沉，无较多磨损和稀缝；砖、混凝土块料面层平整，无碎裂；灰土地面平整完好。

2）装修部分

（1）门窗：完整无损，开关灵活，玻璃、五金齐全，纱窗完整，油漆完好（允许有个别钢门、窗轻度锈蚀，其他结构房屋无油漆要求）。

（2）外抹灰：完整牢固，无空鼓、剥落、破损和裂缝（风裂除外），勾缝砂浆密实。其他结构房屋以完整无破损为标准。

（3）内抹灰：完整、牢固，无破损、空鼓和裂缝（风裂除外）；其他结构房屋以完整无破损为标准。

（4）顶棚：完整牢固，无破损、变形、腐朽和下垂脱落，油漆完好。

（5）细木装修：完整牢固，油漆完好。

3）设备部分

（1）水卫：给水排水管道畅通，各种卫生器具完好，零件齐全无损。

（2）电照：电气设备、线路、各种照明装置完好牢固，绝缘良好。

（3）暖气：设备、管道、烟道畅通、完好，无堵、冒、漏，使用正常。

（4）特种设备：现状良好，使用正常。

2. 基本完好房屋

基本完好房屋是指主体结构完好，少数部件虽然有损坏，但不严重，经过维修就能恢复的房屋。

1）结构部分

（1）地基基础：有承载能力，稍有超过允许范围的不均匀沉降，但已稳定。

（2）承重构件：有少量损坏，基本牢固。钢筋混凝土个别构件有轻微变形、细小裂缝，混凝土有轻度剥落、露筋；钢屋架平直不变形，各节点焊接完好，表面稍有锈蚀，钢筋混凝土屋架无混凝土剥落，节点牢固完好，钢杆件表面稍有锈蚀，木屋架的各部件，节点连接基本完好，稍有隙缝，铁件齐全，有少量生锈；承重砖墙（柱）、砌块有少量细裂缝；木构件稍有变形、裂缝、倾斜，个别节点和支撑稍有松动，铁件稍有锈蚀；竹结构节点基本牢固，轻度蛀蚀，铁件稍有锈蚀。

（3）非承重墙：有少量损坏，但基本牢固。预制墙板稍有裂缝、渗水、嵌缝不密实，间隔墙面层稍有破损；外砖墙面稍有风化，砖墙体轻度裂缝，勒脚有侵蚀；石墙稍有裂缝、弓凸；木、竹、芦帘、苇箔等墙体基本完整，稍有破损。

（4）屋面：局部渗漏，积尘较多，排水基本畅通。平屋面隔热层、保温层稍有损坏，卷材防水层稍有空鼓、翘边和封口不严，刚性防水层稍有龟裂，块体防水层稍有脱壳；平瓦屋面有少量瓦片裂碎、缺角、风化、瓦出线稍有裂缝；青瓦屋面瓦垄少量不直，少量瓦片破碎，节筒俯瓦有松动，灰梗有裂缝，屋脊抹灰有裂缝；镀锌薄钢板屋面少量咬口或嵌缝不严实，部分镀锌薄钢板生锈，油漆脱皮；石灰炉渣、青灰屋面稍有裂缝；油毡屋面有少量破洞。

（5）楼地面：整体面层稍有裂缝、空鼓、起砂；木楼地面稍有磨损和稀缝，轻度颤动；砖、混凝土块料面层磨损起砂，稍有裂缝、空鼓；灰土地面有磨损、裂缝。

2）装修部分

（1）门窗：少量变形、开关不灵，玻璃、五金、纱窗少量残缺，油漆失光。

（2）外抹灰：稍有空鼓、裂缝、风化、剥落，勾缝砂浆少量酥松脱落。

（3）内抹灰：稍有空鼓、裂缝、剥落。

（4）顶棚：无明显变形、下垂，抹灰层稍有裂缝，面层稍有脱钉、翘角、松动，压条有脱落。

（5）细木装修：稍有松动、残缺，油漆基本完好。

3）设备部分

（1）水卫：给水排水管道基本畅通，卫生器具基本完好，个别零件残缺损坏。

（2）电照：电气设备、线路、照明装置基本完好，个别零件损坏。

（3）暖气：设备、管道、烟道基本畅通，稍有锈蚀，个别零件损坏，基本能正常使用。

（4）特种设备：现状基本良好，能正常使用。

3. 一般损坏房屋

一般损坏房屋是指主体结构基本完好，层面不平整、经常漏雨，门窗有的腐朽变形，排水道经常阻塞，内粉刷部分脱落，地板松动，墙体轻度倾斜、开裂，需要进行正常修理的房屋。

1）结构部分

（1）地基基础：局部承载能力不足，有超过允许范围的不均匀沉降，对上部结构稍有影响。

（2）承重构件：有较多损坏，强度已有所减弱。钢筋混凝土构件有局部变形、裂缝、混凝土剥落露筋锈蚀、变形、裂缝值稍超过设计规范的规定，混凝土剥落面积占全部面积的10%以内，露筋锈蚀；钢屋架有轻微倾斜或变形，少数支撑部件损坏，锈蚀严重，钢筋混凝土屋架有剥落、露筋、钢杆有锈蚀；木屋架有局部腐朽、蛀蚀，个别节点连接松动，木质有裂缝、变形、倾斜等损坏，铁件锈蚀；承重墙体（柱）、砌块有部分裂缝、倾斜、弓凸、风化、腐蚀和灰缝酥松等损坏；木构件局部有倾斜、下垂、侧向变形，腐朽、裂缝，少数节点松动、脱榫，铁件锈蚀；竹构件个别节点松动，竹材有部分开裂、蛀蚀、腐朽，局部构件变形。

（3）非承重墙：有较多损坏，强度减弱。预制墙板的边、角有裂缝，拼缝处嵌缝料部分脱落，有渗水，间隔墙层局部损坏；砖墙有裂缝、弓凸、倾斜、风化、腐朽，灰缝有酥松，勒脚有部分侵蚀剥落；石墙部分开裂、弓凸、风化、砂浆酥松，个别石块脱落；木、竹、芦帘墙体部分严重破损，土墙稍有倾斜、硝碱。

（4）屋面：局部漏雨，木基层局部腐朽、变形，损坏，钢筋混凝土屋板局部下滑，屋面高低不平，排水设施锈蚀、断裂。平屋面保温层、隔热层较多损坏，卷材防水层部分有空鼓、翘边和封口脱开，刚性防水层部分有裂缝、起壳，块体防水层部分有松动、风化、腐蚀；平瓦屋面部分瓦片有破碎、风化、瓦出线严重裂缝、起壳，脊瓦局部松动、破损；青瓦屋面部分瓦片风化、破碎、翘角，瓦垄不顺直，节筒俯瓦破碎残缺，灰梗部分脱落，屋脊抹灰有脱落，瓦片松动；镀锌薄钢板屋面部分咬口或嵌缝不严实，镀锌薄钢板严重锈烂；石灰炉渣、青灰屋面，局部风化脱壳、剥落；油毡屋面有破洞。

（5）楼地面：整体面层部分裂缝、空鼓、剥落，严重起砂；木楼地面部分有磨损、蛀蚀、翘裂、松动、稀缝，局部变形下沉，有颤动；砖、混凝土块料面层磨损、部分破损、裂缝、脱落，高低不平；灰土地面坑洼不平。

2）装修部分

（1）门窗：木门窗部分翘裂，榫头松动，木质腐朽，开关不灵；钢门、窗部分铁变形、锈蚀，玻璃、五金、纱窗部分残缺；油漆老化翘皮、剥落。

（2）外抹灰：部分有空鼓、裂缝、风化、剥落，勾缝砂浆部分松酥脱落。

（3）内抹灰：部分空鼓、裂缝、剥落。

（4）顶棚：有明显变形、下垂，抹灰层局部有裂缝，面层局部有脱钉、翘角、松动，部分压条脱落。

（5）细木装修：木质部分腐朽、蛀蚀、破裂；油漆老化。

3）设备部分

（1）水卫：给水排水管道不够畅通，管道有积垢、锈蚀，个别滴、冒；卫生器具零件部分损坏、残缺。

（2）电照：设备陈旧，电线部分老化，绝缘性能差，少量照明装置有损坏、残缺。

（3）暖气：部分设备、管道锈蚀严重，零件损坏，有滴、冒、跑现象，供气不正常。

（4）特种设备：不能正常使用。

4. 严重损坏房屋

严重损坏房屋是指年久失修，破坏严重，但无倒塌危险，需进行大修或有计划翻修、改建的房屋。

1）结构部分

（1）地基基础：承载能力不足，有明显不均匀沉降或明显滑动、压碎、折断、冻酥、腐蚀等损坏，并且仍在继续发展，对上部结构有明显影响。

（2）承重构件：明显损坏，强度不足。钢筋混凝土构件有明显下垂变形、裂缝，混凝土剥落和露筋锈蚀严重，下垂变形、裂缝值超过设计规范的规定，混凝土剥落面积占全面积的10%以上；钢屋架明显倾斜或变形，部分支撑弯曲松脱，锈蚀严重，钢筋混凝土屋架有倾斜，混凝土严重腐蚀剥落、露筋锈蚀，部分支撑损坏，连接件不齐全，钢杆锈蚀严重；木屋架端节点腐朽、蛀蚀，节点连接松动，夹板有裂缝，屋架有明显下垂或倾斜，铁件严重锈蚀，支撑松动。承重墙体（柱）、砌块强度和稳定性严重不足，有严重裂缝、倾斜、弓凸、风化、腐蚀和灰缝严重酥松损坏；木构件严重倾斜、下垂、侧向变形、腐朽、蛀蚀、裂缝，木质脆枯，节点松动，榫头折断拔出、榫眼压裂，铁件严重锈蚀和部分残缺；竹构件节点松动、变形，竹材弯曲断裂、腐朽，整个房屋倾斜变形。

（3）非承重墙：有严重损坏，强度不足。预制墙板严重裂缝、变形，节点锈蚀，拼缝嵌料脱落，严重漏水，间隔墙立筋松动、断裂，面层严重破损；砖墙有严重裂缝、弓凸、倾斜、风化、腐蚀，灰缝酥松；石墙严重开裂、下沉、弓凸、断裂，砂浆酥松，石块脱落；木、竹、芦帘、苇箔等墙体严重破损，土墙倾斜、硝碱。

（4）屋面：严重漏雨。木基层腐烂、蛀蚀、变形损坏，屋面高低不平，排水设施严重锈蚀、断裂、残缺不全。平屋面保温层、隔热层严重损坏，卷材防水层普遍老化、断裂、翘边和封口脱开，沥青流淌，刚性防水层严重开裂、起壳、脱落，块体防水层严重松动、腐蚀、破损；平瓦屋面瓦片零乱、不落槽，严重破碎、风化，瓦出线破损、脱落，脊瓦严重松动破损；青瓦屋面瓦片零乱，风化、碎瓦多，瓦垄不直、脱脚，节筒俯瓦严重脱落残缺，灰梗脱落，屋脊严重损坏；镀锌薄钢板屋面严重锈烂，变形下垂；石灰炉渣、青灰屋面大部冻鼓、裂缝、脱壳、剥落，油毡屋面严重老化，大部损坏。

（5）楼地面：整体面层严重起砂、剥落、裂缝、沉陷、空鼓；木楼地面有严重磨损、蛀蚀、翘裂、松动、稀缝、变形下沉、颤动；砖、混凝土块料面层严重脱落、下沉、高低不平、破碎、残缺不全；灰土地面严重坑洼不平。

2）装修部分

（1）门窗：木质腐朽，开关普遍不灵，榫头松动、翘裂，钢门、窗严重变形锈蚀，玻璃、五金、纱窗残缺，油漆剥落见底。

（2）外抹灰：严重空鼓、裂缝、剥落，墙面渗水，勾缝砂浆严重松酥脱落。

（3）内抹灰：严重空鼓、裂缝、剥落。

（4）顶棚：严重变形不垂，木筋弯曲翘裂、腐朽、蛀蚀，面层严重破损，压条脱落，油漆见底。

（5）细木装修：木质腐朽、蛀蚀、破裂，油漆老化见底。

3）设备部分

（1）水卫：排水管道严重堵塞、锈蚀、漏水；卫生器具零件严重损坏、残缺。

（2）电照：设备陈旧残缺，电线普遍老化、零乱，照明装置残缺不齐，绝缘不符合安全用电要求。

（3）暖气：设备、管道锈蚀严重，零件损坏、残缺不齐，跑、冒、滴现象严重，基本上已无法使用。

（4）特种设备：严重损坏，已无法使用。

5. 危险房屋

危险房屋是指结构已严重损坏或承重构件已属危险构件，随时有可能丧失结构稳定和承载能力，不能保证居住和使用安全的房屋；

另外，还有有关房屋新旧程度（成新率）的判定标准，即十、九、八成新的属于完好房屋；七、六成新的属于基本完好房屋；五、四成新的属于一般损坏房屋；三成以下新的属于严重损坏房屋及危险房屋。

4.1.4 折旧状况

房屋折旧是由于物理因素、功能因素或经济因素所造成的物业价值损耗。房屋折旧是逐步回收房屋投资的形式，即房屋折旧费。折旧费是指房屋建造价值的平均损耗。房屋在长期的使用中，虽然保留原有的实物形态，但由于自然损耗和人为损耗，它的价值也会逐渐减少。这部分因损耗而减少的价值，以货币形态来表现，就是折旧费。确定折旧费的依据是建筑造价、残值、清理费用和折旧年限。

一般来说，房屋折旧包括三种类型，即物质折旧、功能折旧和经济折旧。

1. 物质折旧

物质折旧又称物质磨损、有形损耗，是建筑物在实体方面的损耗所造成的价值损失。进一步可以归纳为四个方面：

第一，自然经过的老朽。自然经过的老朽主要是由于自然力的作用引起的，如风吹、日晒、雨淋等引起的建筑物腐朽、生锈、老化、风化、基础沉降等，与建筑物的实际经过年数（是建筑物从建成之日到估价时点的日历年数）正相关，同时要看建筑物所在地区的气候和环境条件，如酸雨多的地区，建筑物的损耗就大。

第二，正常使用的磨损。正常使用的磨损主要是由于人工使用引起的，与建筑物的使用性质、使用强度和使用年数正相关。如居住用途的建筑物的磨损要低于工业用途的建筑物的磨损。工业用途的建筑物又可分为有腐蚀性的建筑物和无腐蚀性的建筑物，有腐蚀性（如在使用过程中产生对建筑物有腐蚀作用的废气、废液）的建筑物的磨损要高于无腐蚀性的建筑物的磨损。

第三，意外的破坏损毁。意外的破坏损毁主要是因突发性的天灾引起的，包括自然方面的：如地震、水灾、风灾；人为方面的：如失火、碰撞等意外的破坏损毁。

第四，延迟维修的损坏残存。延迟维修的损坏残存主要是由于没有适时地采取预防、保养措施或修理不够及时，造成不应的损坏或提前损坏，或已有的损坏仍然存在，如门窗有破损，墙或地面有裂缝或洞等。

2. 功能折旧

功能折旧又称精神磨损、无形损耗，是指建筑物成本效用的相对损失所引起的价值损失，它包括由于消费观念变更、设计更新、技术进步等原因导致建筑物在功能方面的相对残缺、落后或不适用所造成的价值损失；也包括建筑物功能过度充足所造成的失效成本。如建筑式样过时，内部布局过时，设备陈旧落后，缺乏现在人们认为的必要设施、设备等。拿住宅来说，现在时兴"三大、一小、一多"式住宅，即客厅、厨房、卫生间大，卧室小，壁橱多的住宅，过去建造的卧室大、客厅小、厨房小、卫生间小的住宅，相对而言就过时了。再如高档办公楼，现在要求智能化，如果某个办公楼没有智能化或智能化程度不够，相对而言也落后了。

3. 经济折旧

经济折旧又称外部性折旧，是指建筑物本身以外的各种不利因素所造成的价值损失，包括供给过量、需求不足、自然环境恶化、环境污染、交通拥挤、城市规划改变、政府政策变化等。例如，一个高级居住区附近建设了一座工厂，该居住区的房地产价值下降，这就是一种经济折旧。这种经济折旧一般是不可恢复的。再如，在经济不景气时期以及高税率、高失业率等，房地产的价值降低，这也是一种经济折旧。但这种现象不会永久下去，当经济复苏后，这方面的折旧也就消失了。

4.2 测评内容

为了保证房屋质量评估的公平公正，一般来说，在我国，由房地产估价机构对房屋质量进行评定，包括房屋出卖人、买受人、房屋质量缺陷影响到的相邻关系人，以及对质量缺陷房屋享有他项权利的权利人等质量有关方都应参与到房屋质量问题与程度评估中。

具体来说，房屋出现了质量问题，即房屋某一部位出现了质量缺陷，例如房屋出现破损、裂缝，可能是发生在地面、墙面、顶棚等不同的部位。

根据房屋质量问题出现的部位和严重程度，我们将房屋质量问题定义为对因房屋质量不达标而导致的房屋实体、功能、环境等方面有不良影响。一般分为暂时性房屋质量问题和永久性房屋质量问题。暂时性的房屋质量问题是指依据质量缺陷修复方案进行修复后，房屋质量问题可以完全消除，房屋耐久性、适用性等方面完全符合国家相应标准以及合同约定中的要求，不影响对房屋的正常使用。永久性的房屋质量问题是指伴随整个房屋经济寿命周期的不可修复的房屋质量问题，或是依据可行的质量缺陷修复方案进行修复后，房屋可以使用，但房屋耐久性、适用性等方面不能完全符合国家相应标准及合同约定中的要求。例如对房屋室内进行加固修复后，造成室内面积的减少、室内净高的降低等房屋质量问题。

应该说，对于房屋质量缺陷部位明显、类型简单、程度轻微、影响不大的情况，房屋质量缺陷各方当事人愿意自行协商解决的，由房屋质量缺陷各方当事人共同签订房屋质量缺陷修复方案认可协议。对于房屋质量缺陷严重，当事人不能自行确定修复方案，或各方当事人不能达成一致意见协商解决的情况，房屋质量缺陷当事人可以一方委托或者共同委托，由具有相应资质的机构出具房屋质量缺陷修复方案。而且，房屋质量缺陷各方当事人一致同意，也可以共同委托，由受托进行房屋质量缺陷损失评估的房地产估价机构出具房屋质量缺陷修复方案。

修复房屋质量缺陷所必需的各项费用、一般包括拆除工程、修缮工程、恢复工程等修复活动支出的施工费用，以及由于修复活动造成直接经济损失而支出的补偿费用。当被拆除物具有可回收残值而产生收益时，应在上述支出费用的基础上扣除该部分收益后确定评估值。

4.2.1 房屋完损状况检测

1．检测项目
检查房屋结构、装修和设备的完损状况，确定房屋完损等级。

2．适用范围
房屋评估、房屋管理等需要确定完损程度的房屋。

3．检测内容及过程
主要检测参数有：倾斜、沉降、裂缝、地基基础、砌体结构构件、木结构构件、混凝土结构构件、钢结构构件等，各参数的检测一般为现场检测。

非现场检测项目有：（1）混凝土结构构件检测中，混凝土钻芯法检测混凝土强度。（2）钢结构构件检测中，钢材抗拉强度试验法检测钢材试件抗拉强度，钢材弯曲强度试验法检测钢材试件弯曲变形能力。（3）木结构构件检测中，木材顺纹抗压、抗拉、抗剪强度试验，木材抗弯强度及弹性模量试验，木材横纹抗压强度试验。

检测过程：
第一，调查房屋的使用历史和结构体系。
第二，测量房屋的倾斜和不均匀沉降情况不。
第三，采用文字、图纸、照片或录像等方法，记录房屋建筑构件、装修和设备的损坏部位、范围和程度。

第四，分析房屋损坏原因。

第五，综合评定房屋完损等级。

需要注意的是，在检测时，发现房屋有危险迹象，必须通知委托人及时进行房屋安全量测，发现房屋有危险点，必须通知委托人及时排除。

4.2.2 房屋安全性检测

1. 检测项目

检查房屋结构损坏状况，分析判断房屋安危的过程。

2. 适用范围

已发现危险迹象的房屋。

3. 检测内容及过程

主要检测参数有：倾斜、沉降、裂缝、地基基础、砌体结构构件、木结构构件、混凝土结构构件、钢结构构件等，各参数的检测一般为现场检测。

非现场检测项目有：（1）混凝土结构构件检测中，混凝土钻芯法检测混凝土强度。（2）钢结构构件检测中，钢材抗拉强度试验法检测钢材试件抗拉强度，钢材弯曲强度试验法检测钢材试件弯曲变形能力。（3）木结构构件检测中，木材顺纹抗压、抗拉、抗剪强度试验，木材抗弯强度及弹性模量试验，木材横纹抗压强度试验。

检测过程：

第一，调查房屋的使用历史和结构体系。

第二，测量房屋的倾斜和不均匀沉降情况。

第三，采用文字、图纸、照片或录像等方法，记录房屋主体结构和承重构件损坏部位、范围和程度。

第四，房屋结构材料力学性能的检测项目，应根据结构承载力验算的需要确定。

第五，必要时应根据房屋结构特点，建立验算模型，按房屋结构材料力学性能和使用荷载的实际状况，根据现行规范验算房屋结构的安全储备。

第六，分析房屋损坏原因。

第七，综合判断房屋结构损坏状况，确定房屋危险程度。

需要注意的是，检测结论为危险房屋或局部危险房屋的检测报告，须按规定报送上级房屋质量检测中心审定。

4.2.3 房屋损坏趋势检测

1. 检测项目

通过对房屋受相邻工程等外部影响因素或设计、施工、使用等房屋内在影响因素的作用而产生或可能产生变形、位移、裂缝等损坏进行的监测过程。

2. 适用范围

因各种因素可能或已经造成损坏需进行监测的房屋。

3. 检测内容及过程

主要检测参数有：倾斜、沉降、裂缝、地基基础、砌体结构构件、木结构构件、混凝土结构构件、钢结构构件等，各参数的检测一般为现场检测。

非现场检测项目有：（1）混凝土结构构件检测中，混凝土钻芯法检测混凝土强度。（2）钢结构构件检测中，钢材抗拉强度试验法检测钢材试件抗拉强度，钢材弯曲强度试验法检测钢材试件弯曲变形能力。（3）木结构构件检测中，木材顺纹抗压、抗拉、抗剪强度试验，木材抗弯强度及弹性模量试验，木材横纹抗压强度试验。

检测过程：

第一，初始检测：取其平均值作为监测初始值，根据房屋的结构特点和影响因素，制订监测方案。

第二，损坏趋势的监测：定期观测记录房屋损坏现象的产生和发展情况。及时分析监测数据，绘制变化曲线，分析变化速率和变化累计值，发现异常情况，及时通知委托方。

第三，复测：计算房屋垂直位移、水平位移、倾斜的累计总值。分析房屋损坏的原因，并提出相应的处理措施。

4.2.4 房屋结构和使用功能改变检测

1. 检测项目

在需改变房屋结构和使用功能时，通过对原房屋的结构进行检测，确定结构安全度，对房屋结构和使用功能改变可能性作出评价的过程。

2. 适用范围

需要增加荷载和改变结构的房屋。

3. 检测内容及过程

主要检测参数有：倾斜、沉降、裂缝、地基基础、砌体结构构件、木结构构件、混凝土结构构件、钢结构构件等，各参数的检测一般为现场检测。

非现场检测项目有：（1）混凝土结构构件中，混凝土钻芯法检测混凝土强度。（2）钢结构构件检测中，钢材抗拉强度试验检测钢材试件抗拉强度，钢材弯曲强度试验法检测钢材试件弯曲变形能力。（3）木结构构件检测中，木材顺纹抗压、抗拉、抗剪强度试验，木材抗弯强度及弹性模量试验，木材横纹抗压强度试验。

检测过程：

第一，分析委托人提供的房屋改建方案及技术要求。

第二，了解房屋原始结构和原始资料，检查和记录房屋承重结构的完损状况。

第三，必要时，对相关部位的建筑结构材料的力学性能进行检测。

第四，按现行设计规范规定进行房屋相关结构和地基承载能力验算。

第五，对现有建筑的改建、扩建及加层房屋应按照相关规定进行抗震分析与鉴定。

第六，对房屋结构和使用功能改变的安全性和适用性提出检测结论。

4.2.5 房屋抗震能力检测

1. 检测项目

通过检测房屋的质量现状，按规定的抗震设防要求，对房屋在规定烈度的地震作用下的安全性进行评估的过程。

2. 适用范围

未进行抗震设防或设防等级低于现行规定的房屋，尤其是保护建筑、城市生命线工程以及改建加层工程。

3. 检测内容及过程

主要检测参数有：倾斜、沉降、裂缝、地基基础、砌体结构构件、木结构构件、混凝土结构构件、钢结构构件等，各参数的检测一般为现场检测。

非现场检测项目有：（1）混凝土结构构件检测中，混凝土钻芯法检测混凝土强度。（2）钢结构构件检测中，钢材抗拉强度试验法检测钢材试件抗拉强度，钢材弯曲强度试验法检测钢材试件弯曲变形能力。（3）木结构构件检测中，木材顺纹抗压、抗拉、抗剪强度试验，木材抗弯强度及弹性模量试验，木材横纹抗压强度试验。

检测过程：

第一，收集房屋的地质勘察报告、竣工图和工程验收文件等原始资料，必要时补充进行工程地质勘察。

第二，全面检查和记录房屋基础、承重结构和围护结构的损坏部位、范围和程度。

第三，调查分析房屋结构的特点、结构布置、构造等抗震措施，复核抗震承载力。

第四，房屋结构材料力学性能的检测项目，应根据结构承载力验算的需要确定。

第五，一般房屋应按标准，采用相应的逐级鉴定方法，进行综合抗震能力分析。

需要注意的是，抗震鉴定方法分为两级。第一级鉴定以宏观控制和构造鉴定为主进行综合评价，第二级鉴定以抗震验算为主，结合构造影响进行房屋抗震能力综合评价。房屋满足第一级抗震鉴定的各项要求时，房屋可评为满足抗震鉴定要求，不再进行第二级鉴定；否则应由第二级抗震鉴定作出判断。而且，对现有房屋整体抗震能力做出评定，对不符合抗震要求的房屋，按有关技术标准提出必要的抗震加固措施建议和抗震减灾对策。

4.2.6 房屋质量综合检测

1. 检测项目

通过对房屋建筑、结构、装修材料、设备等进行全面检测，建立和完善房屋质量档案，评价房屋质量的过程。

2. 适用范围

保护建筑等需要进行全面检测的房屋。

3. 检测仪器

水准仪、经纬仪。

4. 检测内容及过程

主要检测参数有：倾斜、沉降、裂缝、地基基础、砌体结构构件、木结构构件、混凝土结构构件、钢结构构件等，各参数的检测一般为现场检测。

非现场检测项目有：（1）混凝土结构构件检测中，混凝土钻芯法检测混凝土强度。（2）钢结构构件检测中，钢材抗拉强度试验法检测钢材试件抗拉强度，钢材弯曲强度试验法检测钢材试件弯曲变形能力。（3）木结构构件检测中，木材顺纹抗压、抗拉、抗剪强度试验，木材抗弯强度及弹性模量试验，木材横纹抗压强度试验。

检测过程：

第一，调查房屋的建造、使用和修缮的历史沿革、建筑风格、结构体系等资料。

第二，建立总平面图、建筑平面、立面、剖面、结构平面、主要构件截面等资料。

第三，抽样检测房屋承重结构材料的性能，构件抽样数量和部位应符合相关标准的规定。抽样部位应含有代表性的损坏构件。

第四，检测房屋的结构、装修和设备等的完损程度，分析损坏原因。

第五，检测房屋倾斜和不均匀沉降现状。

第六，根据实测房屋结构材料力学性能，按现有荷载、使用情况和房屋结构体系，建立合理的计算模型，验算房屋现有承载能力。

第七，根据实测房屋结构材料的力学性能，按现有使用荷载情况和房屋结构体系，以当地地震反应谱特征，建立合理的计算模型，验算房屋现有抗震能力并复核抗震构造措施。

第八，检查房屋设备的运行状况。

需要注意的是，保护建筑质量综合检测方案和报告必须按规定报上级房屋质量检测中心进行技术审查。

4.2.7　房屋化学、高温高压损伤检测

房屋结构构件受侵蚀性化学介质的侵害或高温高压作用下所产生的结构损伤的检测。

检测内容：

(1) 调查房屋使用和环境情况，确定受损构件的材料组成。

(2) 对受损构件的损坏部位进行取样，测试其化学成分，确定结构构件的受损范围和受损深度、截面削弱等。

(3) 确定结构力学模型，进行结构承载力验算，确定结构安全度，提出处理建议。

4.2.8　房屋耐久性不良检测

因采用建筑材料耐久性不良，而引起房屋结构构件异常损坏的检测。

检测内容：

(1) 检查确定受损结构构件的材料组成。

(2) 对结构构件出现的变形或裂缝进行初步分析，必要时应对损坏部位取样，进行微观测试分析。

(3) 根据对结构构件组成材料的微观测试进行综合分析，确定损坏原因。

(4) 确定结构力学模型，进行结构承载力验算，确定结构安全度，提出处理建议。

4.2.9　房屋火灾损坏检测

房屋遭受火灾后，其结构构件损坏范围、程度及残余抗力的检测。

检测内容：

(1) 根据房屋受害程度，可燃性物的种类、数量，推测火灾范围和规模。

(2) 对受损结构构件进行外观调查，初步确定构件的温度分布情况和损坏程度及范围。

（3）采用现场检测仪器，对受损构件和相应的未受损构件进行对比检测。

（4）必要时对受损构件的受损部位材料取样，进行微观测试，确定结构构件的损坏程度。

（5）确定结构力学模型，进行结构承载力验算．确定结构加固方案。

4.2.10 房屋折旧检测

折旧的检测方法很多，可归纳为下列三类：（1）年限法；（2）实际观察法；（3）成新折扣法。这些方法还可以综合运用。

1. 年限法

年限法是把建筑物的折旧建立在建筑物的寿命、经过年数或剩余寿命之间关系的基础上。

建筑物的寿命有自然寿命和经济寿命之分：前者是指建筑物从建成之日起到不堪使用时的持续年数，后者是指建筑物从建成之日起预期产生的收入大于运营费用的持续年数。建筑物的经济寿命短于自然寿命。建筑物的经济寿命具体来说是根据建筑物的结构、用途和维修保养情况，结合市场状况、周围环境、经营收益状况等综合判断的。建筑物在其寿命期间如果经过了翻修、改造等，自然寿命和经济寿命都有可能得到延长。

建筑物的经过年数有实际经过年数和有效经过年致。实际经过年数是建筑物从建成之日起到估价时点时的日历年数。有效经过年数可能短于也可能长于实际经过年数：建筑物的维修保养为正常的，有效经过年数与实际经过年数相当；建筑物的维修保养比正常维修保养好或经过更新改造的，有效经过年数短于实际经过年数，剩余经济寿命相应较长；建筑物的维修保养比正常维修保养差的，有效经过年数长于实际经过年数，剩余经济寿命相应较短。

在成本法求取折旧中，建筑物的寿命应为经济寿命，经过年数应为有效经过年数，剩余寿命应为剩余经济寿命。在估价上一般不采用实际经过年数而采用有效经过年数或预计的剩余经济寿命，是因为采用有效经过年数或经济寿命求出的折旧更符合实际情况。例如，有两座实际经过年数相同的建筑物，如果维修保养不同，其市场价值也会不同，但如果采用实际经过年数计算折旧，则它们的价值会相同。实际经过年数的作用是可以作为求有效经过年数的参考，即有效经过年数可以在实际经过年数的基础上作适当的调整后得到。

2. 实际观察法

实际观察法不是直接以建筑物的有关年限（特别是实际经过年数）来求取建筑物的折旧，而是注重建筑物的实际损耗程度。因为早期建成的建筑物未必损坏严重，从而价值未必低；而新近建造的建筑物未必维护良好，特别是施工质量、设计等方面存在缺陷，从而价值未必高。这样，实际观察法是由估价人员亲临现场，直接观察、分析、测算建筑物在物质、功能及经济等方面的折旧因素所造成的折旧总额。

建筑物的损耗分为可修复的损耗和不可修复的损耗。修复是指使建筑物恢复到新的或相当于新的状况，有时是修理，有时是更换。预计修复所需的费用小于或等于修复所带来的房地产价值的增加额的，为可修复的损耗。反之，为不可修复的损耗。对于可修复的损耗，可直接测算其修复所需的费用作为折旧额。

3. 成新折扣法

成新折扣法适用于同时需要对大量建筑物进行估价的场合，尤其是进行建筑物现值调查，但比较粗略。

在实际估价中，成新率是一个综合指标，其求取可以采用"先定量，后定性，再定量"的方式依下列三个步骤进行：

（1）用年限法计算成新率。

（2）根据建筑物的建成年代对上述计算结果作初步判断，看是否吻合。

（3）采用实际观察法对上述结果作进一步的调整，并说明上下调整的理由。当建筑物的维修养护属于正常时，实际成新率与直线法计算出的成新率相当；当建筑物的维修养护比正常维修养护好或经过更新改造时，实际成新率应大于直线法计算出的成新率；当建筑物的维修养护比正常维修养护差时，实际成新率应小于直线法计算出的成新率。

附：房屋面积测算的一般规定

房屋面积测算是验房人员的基本技能之一，下面为大家介绍一下房屋面积测算的基本规则。

（一）房屋面积测算的一般规定

（1）房屋面积测算是指水平投影面积测算。

（2）房屋面积测量的精度必须达到现行国家标准《房产测量规范》（GB/T 17986—2000）规定的房产面积的精度要求。

（3）房屋面积测算必须独立进行两次，其较差应在规定的限差以内，取简单算术平均数作为最后结果。

（4）量距应使用经检定合格的卷尺或其他能达到相应精度的仪器和工具。

（5）边长以米（m）为单位，取至 0.21m；面积以平方米（m^2）为单位，取至 0.01m^2。

（二）房屋建筑面积的测算

1. 计算建筑面积的一般规定

（1）计算建筑面积的房屋，应是永久性结构的房屋。

（2）计算建筑面积的房屋，层高应在 2.2m 以上。

（3）同一房屋如果结构、层数不相同时，应分别计算建筑面积。

2. 计算全部建筑面积的范围

（1）单层房屋，按一层计算建筑面积；二层以上（含二层，下同）的房屋，按各层建筑面积的总和计算建筑面积。

（2）房屋内的夹层、插层、技术层及其楼梯间、电梯间等其高度在 2.2m 以上的部位计算建筑面积。

（3）穿过房屋的通道，房屋内的门厅、大厅，均按一层计算面积。门厅、大厅内的回廊部分，层高在 2.2m 以上的，按其水平投影面积计算。

（4）楼梯间、电梯（观光梯）井、提物井、垃圾道、管道井等均按房屋自然层计算面积。

（5）房屋天面上，属永久性建筑，层高在 2.2m 以上的楼梯间、水箱间、电梯机房及斜面结构屋顶高度在 2.2m 以上的部位，按其外围水平投影面积计算。

（6）挑楼、全封闭的阳台，按其外围水平投影面积计算。属永久性结构有上盖的室外楼梯，按各层水平投影面积计算。与房屋相连的有柱走廊，两房屋间有上盖和柱的走廊，均按其柱的外围水平投影面积计算。房屋间永久性封闭的架空通廊，按外围水平投影面积计算。

（7）地下室、半地下室及其相应出入口，层高在 2.2m 以上的，按其外墙（不包括采光井、防潮层及保护墙）外围水平投影面积计算。

（8）有柱（不含独立柱、单排柱）或有围护结构的门廊、门斗，按其柱或围护结构的外围水平投影面积计算。

（9）玻璃幕墙等作为房屋外墙的，按其外围水平投影面积计算。

（10）属永久性建筑，有柱的车棚、货棚等，接柱的外围水平投影面积计算。

（11）依坡地建筑的房屋，利用吊脚架空层，有围护结构的，按其高度在 2.2m 以上部位的外围水平投影面积计算。

（12）有伸缩缝的房屋，如果其与室内相通的，伸缩缝计算建筑面积。

3. 计算一半建筑面积的范围

（1）与房屋相连有上盖无柱的走廊、檐廊，按其围护结构外围水平投影面积的一半计算。

（2）独立柱、单排柱的门廊、车棚、货棚等属永久性建筑的，按其上盖水平投影面积的一半计算。

（3）未封闭的阳台、挑廊，按其围护结构外围水平投影面积的一半计算。

（4）无顶盖的室外楼梯按各层水平投影面积的一半计算。

（5）有顶盖不封闭的永久性的架空通廊，按外围水平投影面积的一半计算。

4. 不计算建筑面积的范围

（1）层高在 2.2m 以下（不含 2.2m，下同）的夹层、插层、技术层和层高在 2.2m 以下的地下室和半地下室。

（2）突出房屋墙面的构件、配件、装饰柱、装饰性的玻璃幕墙、垛、勒脚、台阶、无柱雨篷等。

（3）房屋之间无上盖的架空通廊。

（4）房屋的天面、挑台、天面上的花园、泳池。

（5）建筑物内的操作平台、上料平台及利用建筑物的空间安置箱、罐的平台。

（6）骑楼、过街楼的底层用作道路街巷通行的部分。

（7）利用引桥、高架路、高架桥、路面作为顶盖建造的房屋。

（8）活动房屋、临时房屋、简易房屋。

（9）独立烟囱、亭、塔、罐、池、地下人防干、支线。

（10）与房屋室内不相通的房屋间的伸缩缝。

5. 几种特殊情况下计算建筑面积的规定

（1）同一楼层外墙，既有主墙，又有玻璃幕墙的，以主墙为准计算建筑面积，墙厚按主墙体厚度计算。各楼层墙体厚度不相同时，分层分别计算。金属幕墙及其他材料幕墙，参照玻璃幕墙的有关规定处理。

（2）房屋屋顶为斜面结构（坡屋顶）的，层高（高度）2.2m以上的部位计算建筑面积。

（3）全封闭阳台、有柱挑廊、有顶盖封闭的架空通廊的外围水平投影超过其底板外沿的，以底板水平投影计算建筑面积。未封闭的阳台、无柱挑廊、有顶盖未封闭的架空通廊的外围水平投影超过其底板外沿的，以底板水平投影的一半计算建筑面积。

（4）与室内任意一边相通，具备房屋的一般条件，并能正常利用的伸缩缝、沉降缝应计算建筑面积。

（5）对倾斜、弧状等非垂直墙体的房屋，层高（高度）2.2m以上的部位计算建筑面积。房屋墙体向外倾斜，超出底板外沿的，以底板水平投影计算建筑面积。

（6）楼梯已计算建筑面积的，其下方空间不论是否利用均不再计算建筑面积。

（7）临街楼房、挑廊下的底层作为公共道路街巷通行的，不论其是否有柱，是否有围护结构，均不计算建筑面积。

（8）与室内不相通的类似于阳台、挑廊、檐廊的建筑，不计算建筑面积。

（9）室外楼梯的建筑面积，按其在各楼层水平投影面积之和计算。

（三）成套房屋建筑面积的测算

1. **成套房屋建筑面积的内涵**

对于整幢为单一产权人的房屋，房屋建筑面积的测算一般以幢为单位进行。随着同一幢房屋内产权出现多元化及功能出现多样化，如多层、高层住宅楼中每户居民各拥有其中一套，除单一功能的住宅楼外还有商住楼、综合楼等，从而还需要房屋建筑面积测算分层、分单元、分户进行，由此产生了分幢建筑面积、分层建筑面积、分单元建筑面积和分户建筑面积等概念。

分幢建筑面积是指以整幢房屋为单位的建筑面积。分层建筑面积是指以房屋某层或某几层为单位的建筑面积。分单元建筑面积是指以房屋某梯或某几个套间为单位的建筑面积。分户建筑面积是指以一个套间为单位的建筑面积。分层建筑面积的总和，分单元建筑面积的总和，分户建筑面积的总和，均等于分幢建筑面积。成套房屋建筑面积通常是指分户建筑面积。

2. **成套房屋建筑面积的组成**

成套房屋的建筑面积由套内建筑面积和分摊的共有建筑面积组成，即

建筑面积＝套内建筑面积＋分摊的共有建筑面积

成套房屋的套内建筑面积由套内房屋使用面积、套内墙体面积、套内阳台建筑面积三部分组成，即：

套内建筑面积＝套内房屋使用面积＋套内墙体面积＋套内阳台建筑面积

3. **套内房屋使用面积的计算**

套内房屋使用面积为套内房屋使用空间的面积，以水平投影面积按以下规定计算：

（1）套内使用面积为套内卧室、起居室、过厅、过道、厨房、卫生间、厕所、贮藏室、壁柜等空间面积的总和。

（2）套内楼梯按自然层数的面积总和计入使用面积。

（3）不包括在结构面积内的套内烟囱、通风道、管道井均计入使用面积。

（4）内墙面装饰厚度计入使用面积。

4. 套内墙体面积的计算

套内墙体面积是套内使用空间周围的围护或承重墙体或其他承重支撑体所占的面积，其中各套之间的分隔墙和套与公共建筑空间的分隔墙以及外墙（包括山墙）等共有墙，均按水平投影面积的一半计入套内墙体面积。套内自有墙体按水平投影面积全部计入套内墙体面积。

5. 套内阳台建筑面积的计算

套内阳台建筑面积均按阳台外围与房屋外墙之间的水平投影面积计算。其中，封闭的阳台按水平投影全部计算建筑面积，未封闭的阳台按水平投影的一半计算建筑面积。

6. 分摊的共有建筑面积的计算

1）共有建筑面积的类型

根据房屋共有建筑面积的不同使用功能（如住宅、商业、办公等），应分摊的共有建筑面积分为幢共有建筑面积、功能共有建筑面积、本层共有建筑面积三大类。

幢共有建筑面积是指为整幢服务的共有建筑面积，如为整幢服务的配电房、水泵房等。

功能共有建筑面积是指专为某一使用功能服务的共有建筑面积，如专为某一使用功能（如商业）服务的电梯、楼梯间、大堂等．

本层共有建筑面积是指专为本层服务的共有建筑面积，如本层的共有走廊等。

2）共有建筑面积的内容

共有建筑面积的内容包括：作为公共使用的电梯井、管理井、楼梯间、垃圾道、变电室、设备间、公共门厅、过道、地下室、值班警卫室等，以及为整幢服务的公共用房和管理用房的建筑面积，以水平投影面积计算；套与公共建筑之间的分隔墙，以及外墙（包括山墙）水平投影面积一半的建筑面积。

不计入共有建筑面积的内容有：独立使用的地下室、车棚、车库；作为人防工程的地下室、避难室（层）；用作公共休憩、绿化等场所的架空层；为建筑造型面建，但无实用功能的建筑面积。

建在幢内或幢外与本幢相连，为多幢服务的设备、管理用房，以及建在幢外与本幢不相连，为本幢或多幢服务的设备、管理用房均作为不应分摊的共有建筑面积。

整幢房屋的建筑面积扣除整幢房屋各套套内建筑面积之和，并扣除已作为独立使用的地下室、车棚、车库、为多幢服务的警卫室、管理用房，以及人防工程等建筑面积，即为整幢房屋的共有建筑面积。

3）共有建筑面积分摊的原则

产权各方有合法产权分割文件或协议的，按其文件或协议规定进行分摊。无产权分割文件或协议的，根据房屋共有建筑面积的不同使用功能，按相关房屋的建筑面积比例进行分摊。

4）共有建筑面积分摊的计算公式

共有共用面积按比例分摊的计算公式按相关建筑面积进行共有或共用面积分摊，按下式计算：

$$\delta_{Si} = K \cdot S_i \quad \Sigma \delta_{Si} \quad K = \Sigma S_i$$

式中：K——为面积的分摊系数；

S_i——为各单元参加分摊的建筑面积（m²）；

δ_{Si}——为各单元参加分摊所得的分摊面积（m²）；

$\Sigma\delta_{Si}$——为需要分摊的分摊面积总和（m²）；

ΣS_i——为参加分摊的各单元建筑面积总和（m²）。

5）共有建筑面积分摊的方法

将房屋分为单一住宅功能的住宅楼，商业与住宅两种功能的商住楼，商业、办公等多种功能的综合楼三种类型，分别说明其共有建筑面积分摊的方法如下：

（1）住宅楼：以幢为单位，按各套内建筑面积比例分摊共有建筑面积。

（2）商住楼：以幢为单位，首先根据住宅和商业的不同使用功能，将应分摊的共有建筑面积分为住宅专用的共有建筑面积（住宅功能共有建筑面积），商业专用的共有建筑面积（商业功能共有建筑面积），住宅与商业共同使用的共有建筑面积（幢共有建筑面积）。住宅专用的共有建筑面积直接作为住宅部分的共有建筑面积；商业专用的共有建筑面积直接作为商业部分的共有建筑面积；住宅与商业共同使用的共有建筑面积，按住宅与商业的建筑面积比例分别分摊给住宅和商业。然后将住宅部分的共有建筑面积（住宅专用的面积加上按比例分摊的面积）按住宅各套内建筑面积比例进行分摊；将商业部分的共有建筑面积（商业专用的面积加上按比例分摊的面积），按商业各层套内建筑面积比例分摊至商业各层，作为商业各层共有建筑面积的一部分，加上商业相应各层本身的共有建筑面积，得到商业各层总的共有建筑面积，再将商业各层总的共有建筑面积按相应层内各套内建筑面积比例进行分摊。

（3）综合楼：多功能综合楼共有建筑面积按各自的功能，参照上述商住楼分摊的方法进行分摊。

5 房屋装修材料评价标准

5.1 基本概念

建筑物是技术与艺术相结合的产物。建筑装饰材料是建筑材料的一个类别，具有直观性强的特点，一般通过铺设、涂装等方式用在建筑物内外墙面、柱面、地面、顶棚等建筑物表面上，形成装饰效果，此外还兼具防磨损、防潮、防火、隔声、保温隔热等多种功能。因此，采用建筑装饰材料修饰建筑物的面层，不仅能大大改善建筑物的外观形象，使人们获得舒适和美的感受，最大限度地满足人们生理和心理上的各种需要，而且能起到保护主体结构材料的作用，提高建筑物的耐久性。有时，一些老旧的建筑物通过内外装饰装修，也能给人一种现代建筑的感觉。

建筑装修材料按装饰建筑物的部位不同，可分为：外墙装修材料，包括墙面、柱面、阳台、门窗套、台阶、雨篷、檐口等建筑物全部外露的外部装饰所用的材料；内墙装修材料，包括内墙面、柱面、墙裙、踢脚线、隔断、窗台、门窗套等装饰所用的材料；地面装修材料，包括地面、楼面、楼梯段与平台等的全部装饰材料。顶棚装修材料，主要指室内顶棚装饰材料。

常见房屋装修材料即是房屋顶棚装修、地面装修、墙面装修和细部装修中常用到的各种材料。

1. 墙面材料

墙面材料主要包括涂料、壁纸和瓷砖。

（1）涂料。涂料是一种胶体溶液，将其涂抹在物体表面，经过一定时间的物理、化学变化，生成与被涂物体表面牢固粘贴而连续的膜层，以对被涂物体进行保护、装饰等。内墙涂料的种类很多，按照成膜物质的性质，可分为油性涂料和水性涂料。按照涂料的分散介质，可分为溶剂性涂料、水溶性涂料和乳液性涂料等。目前使用最多的涂料为乳胶漆，它是一种极细的合成树脂微粒，通过乳化剂的作用分散于水中，配以适当的颜料、填料和助剂制成。乳胶漆质量稳定，无毒无害，干燥后可以擦洗，颜色种类多，也可自己调制色彩。

（2）壁纸。壁纸也称墙纸，是用胶粘剂将其裱糊于墙面或顶棚表面的材料，以成片或成卷方式供应。根据壁纸基体材料的性质，有纸基壁纸、乙烯基壁纸、织物壁纸、无机质壁纸和特殊壁纸五大类。其中乙烯基壁纸用量最大，其耐水性好、易清洗，但防火性差、不透气。近年来，壁纸的生产技术迅速发展，花色品种繁多，使房间具有高雅、豪华的感觉。

（3）瓷砖。瓷砖的花色品种多，主要用于厨房、卫生间的墙面，其质地坚硬、耐水、耐污染、易清洗。瓷砖按照材质划分，可分为陶瓷砖、半瓷砖和全瓷砖。瓷砖的缺点是施工效率较低、容易脱落。

2. 地面材料

地面材料主要有实木及竹质地板、复合地板、塑料地板、陶瓷地砖、石材和地毯。

（1）实木及竹质地板。实木地板是采用天然木材经烘干、烤漆等工序加工而成的铺地板材，其品种很多，如紫檀、黄檀、柚木、水曲柳、柞木等。实木地板具有舒适、豪华、保温隔热性能好、污染小等优点，但受到木材资源的限制不能大量使用。竹材代替天然木材制成地板，具有抗拉强度高，有较高的硬度、抗水性、耐磨性、色彩古朴、光滑度好等特点：

（2）复合地板。常见的复合地板有多层实木复合地板和强化复合地板。与实木地板相比，复合地板价格适中、质量相对稳定、易保养、不易变形，适用于卫生间以外的所有空间，尤其适用于有地热的房间。复合地板的缺点是脚感稍差，胶粘剂挥发影响居室的空气质量。

（3）塑料地板。塑料地板的优点是色彩丰富，耐磨性、耐水性、耐腐蚀性能优异，具有一定的柔软和弹性，保温性能好，易清洗，成本低。其缺点是易燃，有些品种在燃烧时产生有毒、有害的物质，危及人的生命和健康。

（4）陶瓷地砖。陶瓷地砖具有吸水率低、强度高、耐磨性好、装饰效果逼真等特点，有釉面砖、玻化砖、陶瓷锦砖、通体砖、亚光防滑地砖等。但瓷砖地面给人以硬、脆的感觉，保温性能较差，不适用于卧室。

（5）石材。用于室内装饰的石材有天然石材和人造石材。天然石材主要是天然大理石和天然花岗石。天然大理石具有花纹品种多、色泽鲜艳、质地细腻、抗压性强、吸水率小、耐磨、不变形等特点。浅色大理石板的装饰效果庄重而清雅，深色大理石板的装饰效果华丽而高贵。用于室内地面、柱面、墙面的大理石板主要有云灰、白色和彩色三类。天然花岗石具有结构细密、性质坚硬、耐酸、耐腐、耐磨、吸水性小、抗压强度高、耐冻性强、耐久性好等特点。天然花岗石板广泛用于地面、墙面、柱面、墙裙、楼梯、台阶等。人造石材是人造大理石和人造花岗石的总称，具有天然石材的花纹和质感，且重量要比天然石材轻。由于其强度高、厚度薄、易粘结，故在现代室内装饰中得到广泛应用。除室内地面外，还可用于墙面、柱面、踢脚板、阳台、窗台板、服务台面等。

（6）地毯。地毯是较高级的地面材料，有纯毛地毯和各种化纤地毯。地毯隔声、防振效果较好，花色品种繁多，但不易清洗，易滋生细菌。

3. 顶棚材料

常用的吊顶面层材料主要有石膏板、PVC 板和铝合金板等。石膏板主要用于客厅、餐厅、卧室等无水汽的地方。PVC 板由于不耐火、易变形，只适用于浴室或卫生间。铝合金板是厨房、浴室等空间的理想吊顶面层材料，但与 PVC 板相比，价格较贵。

（1）石膏板。它以石膏为主要材料，加入纤维、胶粘剂、改性剂，经混炼压制、干燥而成。具有防火、隔声、隔热、轻质、高强、收缩率小等特点，且稳定性好、不老化、防虫蛀，可用钉、锯、刨、粘等方法施工。广泛用于吊顶、隔墙、内墙、贴面板。纸面石膏板在家居装饰中常用作吊顶材料。石膏板以建筑石膏为主要原料，一般制造时可以掺入轻质骨料、制成空心或引入泡沫，以减轻自重并降低导热性；也可以掺入纤维材料以提高抗拉强度和减少脆性；又可以掺入含硅矿物粉或有机防水剂以提高其耐水性；有时表面可以贴纸或铝箔增加美观和防湿性。石膏板的特点是轻质、绝热、不燃、可锯可钉、吸声、调湿、美观。但耐潮性差。石膏板主要用于内墙及平顶装饰、隔离墙体、保温绝热材料、吸声材料、代木材料等。

（2）PVC板。PVC板又称吸塑板，是用PVC靠真空抽压附在基材表面，可以有立体造型，由于整体包覆，防水防潮性能较好，有多种颜色和纹路可选择。但表面容易划伤、磕伤、不耐高温。而且，PVC由于在涂胶过程中胶的水分会浸入基材中，板材容易变形。

（3）铝合金板。铝合金装饰板又称为铝合全压型板或天花扣板，用铝、铝合金为原料，经辊压冷压加工成各种断面的金属板材，具有重量轻、强度高、刚度好、耐腐蚀、经久耐用等优良性能。板表面经阳极氧化或喷漆、喷塑处理后，可形成符合装饰要求的多种色彩。

5.2 测评内容

房屋材料的测评，主要包括房屋装饰装修效果及房屋建筑及装修用材污染检测。

5.2.1 房屋装修效果检测

建筑物的种类很多，不同功能的建筑物对装修的要求不同，即使同一类建筑物，也因设计标准不同而导致对装修的要求不同。建筑物的装修有高级装修、中级装修和普通装修之分。建筑装饰材料的颜色、光泽、质感、耐久性等性能的不同，将会在很大程度上影响其使用效果。因此，建筑装修材料的使用效果主要可从下列几个方面来进行检测。

1. 装修效果

优美的建筑装修效果不在于多种高档材料的堆积，而在于材料的合理配置，包括色彩的运用和质感。因此，评价装饰效果主要考察色彩和质感。

色彩是建筑装修效果最突出的方面，它是构成人工环境的重要内容。对建筑物的外部色彩，主要看它是否与建筑物的功能、规模、环境相适应，是否与周围的道路、园林、建筑小品及其他建筑物的风格和色彩相和谐；对建筑物的内部色彩，不仅要从美学的角度考虑，还应观察它是否与建筑物的功能及人们从事不同活动时的需要等相适应，能否对人们的心理和生理均产生良好的作用。

质感是人们对材料质地的感觉。装饰材料质感有坚硬或疏松、细腻或粗糙、清晰或混浊、厚重或轻薄、平滑或凹凸等，不同的质感对建筑装饰效果及风格、人们的情绪等都会产生影响。

2. 耐久性

用于建筑装修的材料，要求既美观义耐久。通常建筑物外部装饰材料要经受日晒、雨淋、霜雪、冰冻、风化、介质的侵袭，而内部装饰材料要经受摩擦、潮湿、洗刷等的作用。因此，评价一个建筑装修的好坏，还要根据装饰材料的以下性能评价其耐久性：力学性能，包括强度（抗压强度、抗拉强度、抗弯强度、冲击韧性等）、受力变形、粘结性、耐磨性以及可加工性等。物理性能，包括密度、表观密度、吸水性、耐水性、抗渗性、抗冻性、耐热性、绝热性、吸声性、隔热性、光泽度、光吸收性及光发射性等。化学性能，包括耐腐蚀性、耐大气侵蚀性、耐污染性、抗风化性及阻燃性等。

各种建筑装饰材料均各具特性，良好的建筑装修就要根据使用部位及条件不同来适当选择建筑装饰材料，以保证建筑装饰工程的耐久性。目前，考虑耐久性时还应考虑大气污染问题，如由于城市空气中的二氧化硫遇水后对大理石中的方解石有腐蚀作用，故大理石不宜在室外使用。

3. 经济性

建筑装修的经济性即从经济角度考虑建筑装修所选用的材料是否合理。评价建筑材料的经济性，要有一个总体的观念，既要考虑到装饰工程一次性投资的多少，也要考虑到日后的维护维修费用和材料的使用寿命。

4. 环保性

由于装修材料的大量使用，使得室内环境质量受到严重影响，所以在评价时应考虑装饰材料的环保性。

5.2.2 房屋装修污染检测

室内与室外的区别，通俗地说是一墙之隔，墙内称为室内，墙外称为室外。人们逐渐认识到室内环境污染问题甚至比室外环境污染问题更重要，原因主要是：首先，室内环境是人们接触最频繁、最密切的环境。人们一生中约有80%的时间是在室内度过的，与室内环境污染物接触的时间多于室外。其次，室内环境污染物的种类日益增多。随着社会的发展，大量能够挥发出有害物质的各种建筑材料等民用化工产品进入室内。再次，室内环境污染物越来越不易扩散。为防止室外过冷或过热空气影响室内温度，以节约能源，许多建筑物被设计和建造得越来越密闭，从而使室内环境污染物不能及时排出室外。

室内环境污染的来源很多。根据各种污染物形成的原因和进入室内的不同渠道，室内环境污染有室外来源和室内来源两个方面。

室外来源的污染物原存在于室外环境中，但一旦遇到机会，可通过门窗、孔隙或其他管道缝隙等进入室内。例如，室内的空气来自室外，当室外空气受到污染后，污染物通过门窗直接进入室内，影响室内空气质量，特别是工厂、机动车道路附近的住宅受这种危害最大。再如，有的房屋基地的地层中含有某些可逸出或可挥发出的有害物质，这些有害物质可通过地基的缝隙逸入室内。这类有害物质的来源主要有：第一，地层中固有的，如氡及其子体；第二，地基在建房前已遭受工农业生产或生活废弃物的污染，如受农药、化工燃料、汞、生活垃圾等污染，而未得到彻底清理即在其上建造房屋；第三，该房屋原已受污染，原使用者迁出后未进行彻底清理，使后迁入者遭受危害。

室内来源的污染物主要来自建筑材料。人们的居住、办公等室内环境，是由建筑材料所围成的与外界环境隔开的微小环境，这些材料中的某些成分对室内环境质量有很大影响。例如，有些石材和砖中含有高本底的镭，镭可蜕变成放射性很强的氡，能引起肺癌。很多有机合成材料可向室内释放许多挥发性有机物，如甲醛、苯、甲苯、醚类、酯类等。这些污染物的浓度有时虽然不很高，但人在它们的长期综合作用下，会出现不良建筑物综合征、建筑物相关疾患等疾病。尤其是在装有空调系统的建筑物内，由于室内环境污染物得不到及时清除，更容易使人出现某些不良反应及疾病。

（1）无机材料和再生材料。无机建筑材料以及再生的建筑材料影响人体健康比较突出的是辐射问题。有的建筑材料中含有超过国家标准的辐射。由于取材地点的不同，各种建筑材料的放射性也各不相同。调查表明，大部分建筑材料的辐射量基本符合标准，但也发现一些灰渣砖放射性超标。例如，有些石材、砖、水泥和混凝土等材料中含有高本底的镭，镭可蜕变成氡，通过墙缝、窗缝等进入室内，造成室内氡的污染。

（2）合成隔热板材。合成隔热板材是一类常用的有机隔热材料，这类材料是以各种树脂为基本原料，加入一定量的发泡剂、催化剂、稳定剂等辅助材料，经加热发泡而制成的，具有质轻、保温等性能，主要的品种有聚苯乙烯泡沫塑料、聚氯乙烯泡沫塑料、聚氨酯泡沫塑料、脲醛树脂泡沫塑料等。这些材料存在一些在合成过程中未被聚合的游离单体或某些成分，它们在使用过程中会逐渐逸散到空气中。另外，随着使用时间的延长或遇到高温，这些材料会发生分解，释放出许多气态的有机化合物质，造成室内环境污染。这些污染物的种类很多，主要有甲醛、氯乙烯、苯、甲苯、醚类、甲苯二异氰酸酯（TDI）等。

（3）吸声及隔声材料。常用的吸声材料包括无机材料如石膏板等；有机材料如软木板、胶合板等；多孔材料如泡沫玻璃等；纤维材料如矿渣棉、工业毛毡等。隔声材料一般有软木、橡胶、聚氯乙烯塑料板等。这些吸声及隔声材料都可向室内释放多种有害物质，如石棉、甲醛、酚类、氯乙烯等，可散出使人感觉不舒服的气味，出现眼结膜刺激、接触性皮炎、过敏等症状，甚至更严重的后果。

（4）壁纸。装饰壁纸是目前使用比较广泛的墙面装饰材料。装饰壁纸对室内环境的影响主要是壁纸本身的有毒物质造成的，由于壁纸的成分不同，其影响也是不同的。天然纺织壁纸尤其是纯羊毛壁纸中的织物碎片是一种致敏源，可导致人体过敏。一些化纤纺织物型壁纸可释放出甲醛等有害气体，污染室内空气。塑料壁纸在使用过程中由于其中含有未被聚合以及塑料的老化分解，可向室内释放各种挥发性有机污染物，如甲醛、氯乙烯、苯、甲苯、二甲苯、乙苯等。

（5）涂料。涂敷于表面，与其他材料很好地粘合并形成完整而坚韧的保护膜的物料称为涂料。在建筑上涂料和油漆是同一概念。涂料的组成一般包括膜物质、颜料、助剂以及溶剂。涂料的成分十分复杂，含有很多有机化合物。成膜材料的主要成分有酚醛树脂、酸性酚醛树脂、脲醛树脂、乙酸纤维剂、过氧乙烯树脂、丁苯橡胶、氯化橡胶等。这些物质在使用过程中可向空气中释放甲醛、氯乙烯、苯、甲苯二异氰酸酯、酚类等有害物质。涂料所使用的溶剂也是污染空气的重要来源。这些溶剂基本上都是挥发性很强的有机物质。这些溶剂原则上不构成涂料，也不应留在涂料中，其作用是将涂料的成膜物质溶解分散为液体，使之易于涂抹，形成固体的涂膜。但是．当它的使命完成以后就要挥发在空气中。因此，涂料的溶剂是室内重要的污染源。例如，刚刚涂刷涂料的房间空气中可检测出大量的苯、甲苯、乙苯、二甲苯、丙酮、醋酸丁酯、乙醛、丁醇、甲酸等 50 多种挥发性有机物。涂料中的颜料和助剂还可能含有多种重金属，如铅、铬、镉、汞、锰以及砷、五氯酚钠等有害物质，这些物质也可对室内人群的健康造成危害。

（6）人造板材及人造板家具。人造板材及人造板家具是室内装饰的重要组成部分。人造板材在生产过程中需要加入胶粘剂进行粘结，家具的表面还要涂刷各种油漆。这些胶粘剂和油漆中都含有大量的挥发性有机物，在使用这些人造板材和家具时，这些有机物就会不断释放到室内空气中。含有聚氨酯泡沫塑料的家具在使用时还会释放出甲苯二异氰酸酯，造成室内环境污染。例如，许多调查发现，在布置新家具的房间中可以检测出较高浓度的甲醛、苯等几十种有毒化学物质，居室内的居民长期吸入这些物质后，可对呼吸系统、神经系统和血液循环系统造成损伤。另外，人造板家具中有的还加有防腐、防蛀剂如五氯苯酚，在使用过程中这些物质也可释放到室内空气中，造成室内环境污染。

由此可见，建筑材料一般都含有种类不同、数量不等的污染物。其中的大多数具有挥发性，可造成较为严重的室内环境污染，通过呼吸道、皮肤、眼睛等对室内人群的健康产生很大的危害。另有一些不具有挥发性的重金属，如铅、铬等有害物质，当建筑材料受损后剥落成粉尘，也可通过呼吸道进入人体，造成中毒。为了预防和控制民用建筑工程中建筑材料产生的室内环境污染，保障公众健康，维护公共利益，我国制定了《民用建筑工程室内环境污染控制规范》（GB 50325—2010）（2013 年版）。它以工程勘察、设计、施工、验收等建设阶段为前提，对控制室内环境污染提出了具体要求。

6 房屋规划评价标准

6.1 基本概念

　　城市规划又叫都市计划或都市规划，是指对城市的空间和实体发展进行的预先考虑。其对象偏重于城市的物质形态部分，涉及城市中产业的区域布局、建筑物的区域布局、道路及运输设施的设置、城市工程的安排等。城市规划的任务是根据国家城市发展和建设方针、经济技术政策、国民经济和社会发展长远计划、区域规划，以及城市所在地区的自然条件、历史情况、现状特点和建设条件，布置城市体系；确定城市性质、规模和布局；统一规划、合理利用城市土地；综合部署城市经济、文化、基础设施等各项建设，保证城市有秩序地、协调地发展，使城市的发展建设获得良好的经济效益、社会效益和环境效益。

　　与住房有关的城市规划主要有控制性详细规划和修建性详细规划两种。

　　控制性详细规划以城市总体规划或分区规划为依据，确定建设地区的土地使用性质和使用强度的控制指标、道路和工程管线控制性位置以及空间环境控制的规划要求。根据《城市规划编制办法》第二十二条至第二十四条的规定，根据城市规划的深化和管理的需要，一般应当编制控制性详细规划，以控制建设用地性质、使用强度和空间环境，作为城市规划管理的依据，并指导修建性详细规划的编制。它主要包括六个方面内容：第一，详细规定所规划范围内各类不同使用性质用地的界线，规定各类用地内适建、不适建或者有条件地允许建设的建筑类型。第二，规定各地块建筑高度、建筑密度、容积率、绿地率等控制指标；规定交通出入口方位、停车泊位、建筑后退红线距离、建筑间距等要求。第三，提出各地块的建筑位置、体形、色彩等要求。第四，确定各级支路的红线位置、控制高点坐标和标高。第五，根据规划容量，确定工程管线的走向、管径和工程设施的用地界线。第六，制定相应的土地使用与建筑管理规定。

　　修建性详细规划是以城市总体规划、分区规划或控制性详细规划为依据，制订用以指导各项建筑和工程设施的设计和施工的规划设计。修建性详细规划的文件和图纸包括修建性详细规划设计说明书、规划地区现状图、规划总平面图、各项专业规划图、竖向规划图、反映规划设计意图的透视图等。它的主要内容有建设条件分析及综合技术经济论证；做出建筑、道路和绿地等的空间布局和景观规划设计，布置总平面图；道路交通规划设计；绿地系统规划设计；工程管线规划设计；竖向规划设计；估算工程量、拆迁量和总造价，分析投资效益。

6.1.1 用地规划

　　土地利用类型指的是土地利用方式相同的土地资源单元，是根据土地利用的地域差异划分的。是反映土地用途、性质及其分布规律的基本地域单位，是人类在改造、利用土地进行生产和建设的过程中所形成的各种具有不同利用方向和特点的土地利用类别。

土地利用类型反映了土地的经济状态，是土地利用分类的地域单元。通常具有以下特点：第一，是一定的自然、社会经济、技术等各种因素综合作用的产物；第二，在空间分布上具有一定的地域分布规律，但不一定连片而可重复出现，同一类型必然具有相似的特点；第三，不是一成不变的，随着社会经济条件的改善和科学技术水平的提高或受自然灾害和人为的破坏而呈动态变化；第四，是根据土地利用现状的地域差异划分的，反映土地利用方式、性质、特点及其分布的基本地域单元，具有明显的地域性。

通过研究和划分土地利用类型，一可查清各类用地的数量及其地区分布，评价土地的质量和发展潜力；二可阐明土地利用结构的合理性，揭示土地利用存在的问题，为合理利用土地资源、调整土地利用结构和确定土地利用方向提供依据。

目前，我国城市土地利用按城市中土地使用的主要性质划分为下列类型：

(1) 居住用地：是指在城市中包括住宅及相当于居住小区及小区级以下的公共服务设施、道路和绿地等设施的建设用地。按市政公用设施齐全程度和环境质量等，居住用地可进一步分为一类居住用地、二类居住用地、三类居住用地和四类居住用地。其中，一类居住用地是指市政公用设施齐全、布局完整、环境良好、以低层住宅为主的用地。二类居住用地是指市政公用设施齐全、布局完整、环境较好、以多、中、高层住宅为主的用地。三类居住用地是指市政公用设施比较齐全、布局不完整、环境一般或住宅与工业等用地有混合交叉的用地。四类居住用地是指以简陋住宅为主的用地。

(2) 公共设施用地：是指城市中为社会服务的行政、经济、文化、教育、卫生、体育、科研及设计等机构或设施的建设用地。公共设施用地不包括居住用地中的公共服务设施用地。按用地性质，公共设施用地可进一步分为行政办公用地、商业金融业用地、文化娱乐用地、体育用地、医疗卫生用地、教育科研设计用地、文物古迹用地和其他公共设施用地（如宗教活动场所、社会福利院等用地）。

(3) 工业用地：是指城市中工矿企业的生产车间、库房、堆场、构筑物及其附属设施（包括其专用的铁路、码头和道路等）的建设用地。工业用地不包括露天矿用地，该用地应归入"水域和其他用地"。按对环境的干扰和污染程度，工业用地可进一步分为一类工业用地、二类工业用地和三类工业用地。其中，一类工业用地是指对居住和公共设施等环境基本无干扰和污染的工业用地，如电子工业等用地。二类工业用地是指对居住和公共设施等环境有一定干扰和污染的工业用地，如食品工业、医药制造工业、纺织工业等用地。三类工业用地是指对居住和公共设施等环境有严重干扰和污染的工业用地，如采掘工业、冶金工业、大中型机械制造工业、化学工业、造纸工业、制革工业、建材工业等用地。

(4) 仓储用地：是指城市中仓储企业的库房、堆场和包装加工车间及其附属设施的建设用地。

(5) 对外交通用地：是指城市对外联系的铁路、公路、管道运输设施、港口、机场及其附属设施的建设用地。

(6) 道路广场用地：是指城市中道路、广场和停车场等设施的建设用地。

(7) 市政公用设施用地：是指城市中为生活及生产服务的各项基础设施的建设用地，

包括供应设施（供水、供电、供燃气和供热等设施）、交道设施、邮电设施、环境卫生设施、施工与维修设施、殡葬设施及其他市政公用设施的建设用地。

（8）绿地：是指城市中专门用以改善生态、保护环境、为居民提供游憩场地和美化景观的绿化用地。

（9）特殊用地：一般指军事用地、外事用地及保安用地等特殊性质的用地。

（10）水域和其他用地：是指城市范围内包括耕地、园地、林地、牧草地、村镇建设用地、露天矿用地和弃置地，以及江、河、湖、海、水库、苇地、滩涂和渠道等常年有水或季节性有水的全部水域。

（11）保留地：是指城市中留待未来开发建设的或禁止开发的规划控制用地。

6.1.2　居住区规划

居住区是城市居民的居住生活聚居地，其用地构成，接功能可分为住宅用地、为本区居民配套建设的公共服务设施用地（也称公建用地）、公共绿地以及把上述三项用地联成一体的道路用地等四项用地，总称居住区用地。在居住区外围的道路用地（如独立组团外围的小区路、独立小区外围的居住区级道路或城市道路、居住区外围的城市干道）或按照城市总体规划要求在居住区规划用地范围内安排的非为居住区配建的公建用地或与居住区功能无直接关系的各类建筑和设施用地，以及保留的单位和自然村及不可建设等用地，统称其他用地，所以，居住区规划总用地包括居住区用地和"其他用地"两部分。

居住区的组成要素也是居住区的规划因素，主要有住宅、公共服务设施、道路和绿地。

公共服务设施是居住区配套建设设施的总称，简称公建，包括下列八类：①教育：项目有托儿所、幼儿园、小学、中学；②医疗卫生：项目有医院、门诊所、卫生站、护理院；③文化体育：项目有文化活动中心（站）、居民运动场馆、居民健身设施；④商业服务：项目有综合食品店、综合百货店、餐饮店、中西药店、书店、便民店等；⑤金融邮电：项目有银行、储蓄所、电信支局、邮电所；⑥社区服务：项目有社区服务中心、治安联防站、居委会等；⑦市政公用：项目有供热站或热交换站、变电室、开闭所、路灯配电室、燃气调压站、高压水泵房、公共厕所、垃圾转运站、垃圾收集点、居民停车场（库）、消防站、燃料供应站等；⑧行政管理及其他：项目有街道办事处、市政管理机构（所）、派出所、防空地下室等。

居住区内道路分为居住区（级）道路、小区（级）路、组团（级）路和宅间小路四级。其中，居住区（级）道路是一般用以划分小区的道路；小区（级）路是一般用以划分组团的道路；组团（级）路是上接小区路、下连宅间小路的道路；宅间小路是住宅建筑之间连接各住宅入口的道路。此外，居住区内还可能有专供步行的林荫步道。

居住区内绿地有公共绿地、宅旁绿地、公共服务设施所属绿地和道路绿地，包括满足当地植树绿化覆土要求、方便居民出入的地下建筑或半地下建筑的屋顶绿地，不包括其他屋顶、晒台的人工绿地。其中，公共绿地是指满足规定的日照要求、适合于安排游憩活动设施的、供居民共享的集中绿地，包括居住区公园、小游园和组团绿地及其他块状、带状绿地等；宅旁绿地是指住宅四旁的绿地；公共服务设施所属绿地是指居住区内的幼儿园、中小学、门诊所、储蓄所、居委会等公共服务设施四旁的绿地；道路绿地是指居住区内道路红线内的绿地。

6.2 检测内容

房屋规划检测是指按照市政用地、设计等要求查看房屋所在社区土地利用、楼宇规划、居住区规划及等是否符合现行标准和规范的要求。其中，许多房屋设计时所遵循的土地利用规划、控制性详细规划和修建性详细规划中的各种指标，都可以作为房屋规划检测的重要标准。

6.2.1 房屋用地规划检测

1. 水文及水文地质条件

地下水位过高，会严重影响建筑物基础的稳定性，这种土地一般不宜作为城市建设用地。建筑物的高度越高、地下层数越多，要求地下水埋藏深度就越深。一般来说，城市水源有地面水和地下水。地下水按其成因和埋藏条件，可分为上层滞水、潜水和承压水。

城市水源选择的基本原则是：在地下水源丰富的地区，应优先选择地下水作为水源；地下水源不足时，可考虑以地面水源补充，但要注意水源保护，防止水体污染。

另外，城市防洪也是房屋建设中的重要要求之一。一般要求百年一遇洪水位以上 0.5～1m 的地段，才可作为城市建设用地；地势过低或经常受洪水威胁的地段，不宜作为城市建设用地，否则必须修筑堤坝等防洪设施。堤坝以内的河滩地不能作为城市建设用地，但可辟作绿地。

2. 工程地质条件

城市由众多的建筑物组成，它们需要建在具有一定承载力的地基上，要求地质构造稳定，不受工程地质病害的影响。

第一，有充足的地基承载力。岩土（岩石和土层）是承受建筑物荷载的天然物质基础。工业建筑对地基承载力的要求一般比民用建筑要高。建筑物的层数越高，对地基承载力的要求也越高。在城市建设中，选择承载力大的岩土作为建筑地基，不仅可以使建筑物安全稳固，还可节省大量用于加强地基承载力的投资。

第二，抗震防震。地震是由地球内部的变动引起的地壳的震动，是一种破坏性极大的自然灾害。释放能量越大，地震震级也越大。地震震级分为 9 级。地震发生后在地面上造成的影响或破坏的程度，称为地震烈度。地震烈度分为 12 度，地震烈度越高，建筑物受破坏的程度越严重。建筑抗震设防是针对地震烈度而不是针对地震震级。在地震烈度 6 度及 6 度以下的地区，除特别重要的建筑外，可不采取专门的防震措施；在 7 度及 7 度以上的地区，除临时建筑外，都必须进行抗震设防；在 9 度以上的地区则不宜选作城市建设用地。

第三，预防工程地质灾害。对工程建设产生严重影响的地质、地貌现象称为工程地质病害。除了地震，常见的工程地质病害还有冲沟、滑坡与坍方、地下溶洞。城市建设应尽量避免在上述地区选址；在无法回避时，必须采取相应的工程措施加以防治。还须注意的是，虽然有开采价值的地下矿藏、地下重要的文物不属于工程地质范畴，但考虑到将来开采、挖掘的可能性，这类地区也不宜作为城市建设用地。

3. 地形条件

地形是指地面起伏的形状，它主要影响城市的选址、空间形态，对道路交通、景观等也有影响。山地、丘陵地区，为了克服地形分割的不利影响，城市布局多采取组团式，随地形的变化分成若干个片区，在空间上不连成一体，但每个组团具有一定的规模和独立性，基本的生产、生活在组团内解决。其中铁路站场和机场用地要求最高，其次是工业用地。居住用地受坡度的限制相对较小，最大坡度可为10%。

4. 气候条件

气候是一定地区里经过多年观察所得到的概括性的气象情况，包括气温、日照、风向、降水与湿度等。

气温是指空气的温度，通常用离地面1.5m高的位置上测得的空气温度来代表。人感到舒适的气温范围一般为18~20℃。

日照时数是衡量日照效果的最常用指标，一般是指太阳直射光线照射到建筑物外墙面或室内的时间。冬季要求日照时数越长越好，夏季则越短越好。中国大部分地区处于中纬度地区，南和偏南（东南和西南）是阳光最充分的朝向，因此，建筑物布置以南和偏南向为宜。

风是地面大气的水平移动，包括风向和风速两个方面。风向是风吹来的方向。表示风向最基本的一个指标是风向频率（简称风频），它分8个或16个方位，以一定时期（年、季、月）内某一风向发生的次数占该时期各风向的总次数的百分比表示。风速是指空气流动的速度，以"米/秒"（m/s）计。在城市规划中，为了合理布置工业和居住用地，最大限度地减轻工业对居住区的污染，通常根据某地多年的风向资料，将全年的风向频率和平均风速绘制成风玫瑰图。

降水是降雨、降雪、降雹、降霜等气候现象的总称。湿度的大小与降水的多少有密切关系，相对湿度又随地区或季节的不同而异。城市市区一般因有大量建筑物、构筑物覆盖，相对湿度比城市郊区要小。湿度的大小还与居住环境是否舒适有关，同时对某些工业生产工艺有所影响。

6.2.2 房屋建造规划检测

我国有许多房屋规划指标，这些标准范围也是房屋建造过程中需要符合的规划要求。在实际中，经常遇到下列城市规划术语和控制指标。

（1）用地性质：是指规划用地的使用功能。

（2）用地面积：是指规划地块划定的面积。

（3）容积率：是指一定地块内总建筑面积与建筑用地面积的比值，即：

$$容积率 = 总建筑面积/建筑用地面积$$

其中，总建筑面积是地上所有建筑面积之和；建筑用地面积以城市规划行政主管部门批准的建设用地面积为准，不含代征用地；容积率是反映和衡量地块开发强度的一项重要指标。

（4）建筑限高：是指地块内允许的建筑（地面上）最大高度。

（5）建筑密度：是指一定地块内所有建筑物的基底总面积占建筑用地面积的比率，即：

$$建筑密度（\%） = 建筑基底总面积/建筑用地面积 \times 100\%$$

建筑密度是控制地块容量和环境质量的重要指标。

（6）绿地率：是指城市一定地区内各类绿地（公共绿地、宅旁绿地、公共服务设施所属绿地和道路绿地）面积的总和占该地区总面积的比率（％）。绿地率是衡量环境质量的重要指标。

（7）绿化覆盖率：是指城市-定地区内绿化覆盖面积占该地区总面积的比率（％）。

（8）建筑间距：是指两栋建筑物外墙之间的水平距离。建筑间距主要是根据所在地区的日照、通风、采光、防止噪声和视线干扰、防火、防震、绿化、管线埋设、建筑布局形式，以及节约用地等要求，综合考虑确定。住宅的布置，通常以满足日照要求作为确定建筑间距的主要依据。

（9）日照标准：是根据各地区的气候条件和居住卫生要求确定的，居住建筑正面向阳房间在规定的日照标准日获得的日照量，是编制居住区规划，确定居住建筑间距的主要依据。

（10）日照间距系数：是指根据日照标准确定的房屋间距与遮挡房屋檐高的比值。

（11）交通出入口方位：是指规划地块内允许设置机动车和行人出入口的方向和位置。

（12）停车泊位：是指地块内应配置的停车位数量。

（13）用地红线：是指经城市规划行政主管部门批准的建设用地范围的界线。

（14）道路红线：是指城市道路用地的规划控制线，即城市道路用地与两侧建筑用地及其他用地的分界线。一般情况下，道路红线即为建筑红线，任何建筑物（包括台阶、雨罩）不得越过道路红线。根据城市景观的要求，沿街建筑物可以从道路红线外侧退后建设。

（15）建筑后退红线距离：是指建筑控制线与道路红线或道路边界、地块边界的距离。

（16）建筑控制线：是指建筑物基底位置的控制线。

（17）城市绿线：是指城市各类绿地范围的控制线。城市绿线范围内的用地不得改作他用；在城市绿线范围内，不符合规划要求的建筑物、构筑物及其他设施应当限期迁出。

（18）城市紫线：是指国家历史文化名城内的历史文化街区和省、自治区、直辖市人民政府公布的历史文化街区的保护范围界线，以及历史文化街区外经县级以上人民政府公布保护的历史建筑的保护范围界线。在城市紫线范围内禁止进行下列活动：①违反保护规划的大面积拆除、开发；②对历史文化街区传统格局和风貌构成影响的大面积改建；③损坏或者拆毁保护规划确定保护的建筑物、构筑物和其他设施；④修建破坏历史文化街区传统风貌的建筑物、构筑物和其他设施；⑤占用或者破坏保护规划确定保留的园林绿地、河湖水系、道路和古树名木等；⑥其他对历史文化街区和历史建筑的保护构成破坏性影响的活动。

（19）城市黄线：是指对城市发展全局有影响的、城市规划中确定的、必须控制的城市基础设施用地的控制界线。在城市黄线范围内禁止进行下列活动：①违反城市规划要求，进行建筑物、构筑物及其他设施的建设；②违反国家有关技术标准和规范进行建设；③未经批准，改装、迁移或拆毁原有城市基础设施；④其他损坏城市基础设施或影响城市基础设施安全和正常运转的行为。

（20）城市蓝线：是指城市规划确定的江、河、湖，库、渠和湿地等城市地表水体保护和控制的地域界线。在城市蓝线内禁止进行下列活动：①违反城市蓝线保护和控制要求的建设活动；②擅自填埋、占用城市蓝线内水域；③影响水系安全的爆破、采石、取土；④擅自建设各类排污设施；⑤其他对城市水系保护构成破坏的活动。

6.2.3 居住区规划检测

居住区规划布局的目的，是要求将规划构思及规划因素（住宅、公建、道路和绿地等），通过不同的规划手法和处理方式，全面、系统地组织.、安排、落实到规划范围内的恰当位置，使居住区成为有机整体，为居民创造良好的居住生活环境。

1. 居住区住宅的规划布置

住宅应布置在居住区内环境条件优越的地段。面街布置的住宅，其出入口应避免直接开向城市道路和居住区（级）道路。在Ⅰ、Ⅱ、Ⅵ、Ⅶ建筑气候区，住宅布置主要应有利于住宅冬季的日照、防寒、保温与防风沙的侵袭；在Ⅲ、Ⅳ建筑气候区，住宅布置主要应考虑住宅夏季防热和组织自然通风、导风入室的要求；在丘陵和山区，住宅布置除考虑与主导风向的关系外，尚应重视因地形变化而产生地方风对住宅建筑防寒、保温或自然通风的影响。老年人住宅宜靠近相关服务设施和公共绿地。住宅间距应以满足日照要求为基础，综合考虑采光、通风、消防、防灾、视觉卫生等要求确定。住宅平均层数反映了居住区空间形态与景观的特征，它是住宅总建筑面积与住宅基底总面的比值（层）。居住区按住宅层数可分为低层居住区、多层居住区、高层居住区或各种层数混合的居住区。应根据城市规划要求和综合经济效益，确定经济的住宅层数与合理的层数结构。无电梯住宅不应超过六层。

2. 居住区公共服务设施的规划布置

居住区公共服务设施是为满足居民物质和文化生活的需要而配套建设的，应包括教育、医疗卫生、文化体育、商业服务、金融邮电、社区服务、市政公用和行政管理及其他八类设施。居住区配套公建的配建水平，必须与居住人口规模相对应，并应与住宅同步规划、同步建设和同时投入使用。

所配套建设的项目多少、面积大小及空间布局等，决定着居住生活的便利程度和质量。如果不配或少配，会给居民生活带来不便，晚建了也会给居民生活造成困难。衡量居住区公共服务设施配套建设水平的指标，主要是人均公建面积（公共服务设施建筑面积）和人均公建用地面积。但是，如果公共服务设施设置不当，也会不同程度地影响居民正常的居住与生活。因此，公共服务设施应合理设置，避免烟、气（味）、尘及噪声对居民的干扰。

3. 居住区内道路的规划布置

居住区内道路担负着分隔地块和联系不同功能用地的双重职能，其布置应有利于居住区内各类用地的划分和有机联系。

居住区内的道路共分四级：

第一级，居住区级道路：是居住区的主要道路，用以解决居住区内外交通的联系，道路红线宽度一般为 20～30m。车行道宽度不应小于 9m，如需通行公共交通时，应增至 10～14m，人行道宽度为 2～4m 不等。

第二级，居住小区级道路：是居住区的次要道路，用以解决居住区内部的交通联系。道路红线宽度一般为 10～14m，车行道宽度为 6～8m，人行道宽度为 1.5～2m。

第三级，住宅组团级道路：是居住区内的支路，用以解决住宅组群的内外交通联系，车行道宽度一般为4～6m。

第四级，宅前小路：通向各户或各单元门前的小路，一般宽度不小于2.6m。

此外，在居住区内还可有专供步行的林荫步道，其宽度根据规划设计的要求而定。

居住区内的主要道路至少应有两个方向与外围道路相连，以保证居住区与城市有良好的交通联系。居住区内的主要道路，特别是小区（级）路、组团（级）路，既要通顺又要避免外部车辆和行人的穿行；当公共交通线路引入居住区（级）道路时，应合理设置公共交通停靠站，尽量减少交通噪声对居民的干扰；应便于居民汽车的通行，同时保证行人、骑车人的安全便利。道路边缘至建筑物要保持一定距离，以避免一旦楼上掉下物品影响路上行人和车辆的安全等。

居住区内必须配套设置居民汽车（含通勤车）停车场、停车库，并应符合下列规定：①居民汽车停车率（居住区内居民汽车的停车位数量与居住户数的比率）不应小于10%；②居住区内地面停车率（居住区内居民汽车的地面停车位数量与居住户数的比率）不宜超过10%；③居民停车场、库的布置应方便居民使用，服务半径不宜大于150m；④居住停车场、库的布置应留有必要的发展余地。

4. 居住区内绿地的规划布置

居住区内绿地与居民关系密切，对改善居民生活环境和城市生态环境都具有重要作用，其功能主要有：改善小气候、净化空气、遮阳、隔声、防风、防尘、杀菌、防病、提供户外活动场地、美化环境等。一个优美的居住区内绿化环境，有助于人们消除疲劳、振奋精神，可为居民创造良好的游憩、交往场所。

衡量居住区内绿地状况的指标，主要有绿地率和人均公共绿地面积。绿地率是指居住区用地内各类绿地面积的总和占居住区用地面积的比率（%），其中新区建设不应低于30%，旧区改建不宜低于25%。居住区人均公共绿地面积指标：组团绿地不少于$0.5m^2$/人，小区绿地（含组团）不少于$1m^2$/人，居住区绿地（含小区和组团）不少于$1.5m^2$/人。

7 房屋环境评价标准

7.1 基本概念

环境是人们最熟悉、最常用的词汇之一，如人们经常讲自然环境、生存环境、居住环境、生活环境、学习环境、工作环境、投资环境等。景观的含义与"风景"、"景致"、"景色"相近，是描述自然、人文以及它们共同构成的整体景象的一个总称，包括自然和人为作用的任何地表形态及其印象。具体地说，景观是指由某一特定之点透视时，出现在视野的地表的一部分和相应的天空的一部分，以及给予人的全体印象，即放眼所映获的景色及印象。

7.1.1 环境

环境既包括以大气、水、土壤、岩石、生物等为内容的物质因素，也包括以观念、制度、行为准则等为内容的非物质因素；既包括自然因素，也包括社会因素；既包括非生命体形式，也包括生命体形式。根据需要，可以对环境进行不同的分类。通常按照环境的属性，将环境分为自然环境、人工环境和社会环境。

自然环境，通俗地说，是指未经过人的加工改造而天然存在的环境；从学术上讲，是指直接或间接影响到人类的一切自然形成的物质、能量和自然现象的总体。自然环境按照环境要素，又可以分为大气环境、水环境、土壤环境、地质环境和生物环境等，主要就是指地球的五大圈——大气圈、水圈、土壤圈、岩石圈和生物圈。

人工环境，通俗地说，是指在自然环境的基础上经过人的加工改造所形成的环境，或人为创造的环境；从学术上讲，是指人类利用自然、改造自然所创造的物质环境，如乡村、城市、居住区、房屋、道路、绿地、建筑小品等。人工环境与自然环境的区别，主要在于人工环境对自然物质的形态作了较大的改变，使其失去了原有的面貌。

社会环境是指由人与人之间的各种社会关系所形成的环境，包括政治制度、经济体制、文化传统、社会治安、邻里关系等。对于选购某套住宅的人来说，周边居民的文化素养、收入水平、职业、社会地位等，都是其社会环境。

7.1.2 景观

景观一词如果按中文字面解释，包括"景"和"观"两个方面。"景"是自然环境和人工环境在客观世界所表现的一种形象信息，"观"是这种形象信息通过人的感觉（视觉、听觉等）传导到大脑皮层，产生一种实在的感受，或者产生某种联系与情感。因此，景观应包括客观形象信息和主观感受两个方面。景观的好坏判别，与审视者的心理、生理、知识层次的高低条件有关。不同的人在相同的眺望空间与时间中，感受到的景观印象程度是不同的，其中还夹杂着个人的喜好、怀恋和情感。

景观可以分为自然景观和人文景观。自然景观是指未经人类活动所改变的水域、地表起伏与自然植物所构成的自然地表景象及其给予人的感受。人文景观是指被人类活动改变过的自然景观，即自然景观加上人工改造所形成的景观及印象。

有好的景观的房屋，如可以看到水（海、湖、江、河、水库、水渠等）、山、公园、树林、绿地、知名建筑等的房屋，其价值通常较高；反之，有坏的景观的房屋，如可以看到陵园、烟囱、厕所、垃圾站等的房屋，其价值通常较低。

7.1.3　生态

生物与其生存环境相互间有着直接或间接的作用。生态是指生物与其生存环境之间的关系。生态与环境的含义有所不同。环境是指独立存在于某一主体之外、对该主体会产生某些影响的所有客体，而生态是指生物与其生存环境之间或生物与生物之间的相对状态或相互关系。二者的侧重点也不同，环境强调客体对主体的效应，而生态则阐述客体与主体之间的关系。衡量环境往往用"好坏"之类的定性评价，而衡量生态则在一定程度上用定量指标来阐明关系是否平衡或协调。

生态系统是指在一定的时间和空间内，生物和非生物成分之间，通过物质循环、能量流动和信息传递，而相互作用、相互依存所构成的统一体。生态系统也就是生命系统与环境系统在特定空间的组合。地球表面是一个庞大的环境系统，在这个系统内，大气、水、土壤、岩石等各种环境要素与生物通过物质能楚的循环、流动，进行十分复杂的作用，形成了不同等级的生态系统。这些生态系统的规模大小不等，大到整个生物圈、陆地、海洋，小到一片森林、草地、池塘。同样，城市也是一个特殊的生态系统。

生态系统有四个基本组成部分：（1）非生物环境要素，包括地球表面生物圈以外的物质成分，如阳光、空气、水、土壤、矿物等，它们构成生物赖以生存的环境；（2）植物——生产者有机体，它们利用光合作用将周围的无机物转化为有机物，为动物提供食物；（3）动物——消费者有机体，它们又可分为食草动物和食肉动物，以及两者兼有的杂食动物；（4）微生物——分解者有机体，又称还原者，它们将死亡的动植物的复杂有机物分解还原为简单的无机物，释放回环境中，供植物再利用。生态系统的各个部分正是通过"食物链"（生物之间以营养为基础组成的链条）对物质和能量的输送传递，相互依存，相互制约，组成密切联系的有机整体。

生态系统在一定条件下处于相对平衡状态，主要表现为生态系统内物质和能量的输入与输出之间是协调的，不同动植物种类的数量比例是稳定的，在外来干扰下能通过自我调节恢复到原来的平衡状态。例如，水受到"异物"轻微的污染时，通过重力的沉淀、流水的搬运、化学的分解等物理、化学作用，将水中的有害物质稀释化解，这种自净能力使其恢复到原来的平衡状态。但生态系统自身的调节能力是有限的，一旦受到外界强烈的干扰，特别是人类活动对自然产生的负面影响，就会遭受严重的破坏而失去平衡。

生态环境不等于通常意义上的环境，可将其理解为生物的状态与环境的各种关系，是指在生态系统中除了人类种群以外、相对于生物系统的全部外界条件的总和，包含了特定空间中可以直接或间接影响生物生存和发展的各种要素，强调在生态系统边界内影响生物状态的所有环境条件的综合体。生态环境随生态系统层次边界的不同而有不同的规模范围。

　　人类的生态环境是一个以人类为中心的生态环境。人类具有生物属性和社会属性。人类的生物属性表现为：人类作为食物链的一个环节，参与自然界的物质循环和能量转换，具有新陈代谢的功能。人类的社会属性表现为：人类是群居的社会性的人，在一定生产方式下干预自然界的物质循环和能量转换，通过影响生态环境间接影响人类的生存与发展。因此，人类的生态环境凝聚着自然因素和社会因素的相互作用，是自然生态环境与社会生态环境共同组成的统一体。

7.2　检测内容

　　环境与景观评价是环境影响评价和环境质量评价的简称。从广义上说，环境与景观评价是对环境系统状况的价值评定、判断和提出对策。作为房屋来说，进行的环境与景观检测主要是房屋所在居住区的环境检测。

7.2.1　居住区环境检测的内容

　　环境质量评价实质上是对环境质量优与劣的评定过程，该过程包括环境评价因子的确定、环境监测、评价标准、评价方法、环境识别，因此环境质量评价的正确性体现在上述五个环节的科学性与客观性。常用的方法有数理统计方法和环境指数方法两种。

　　环境影响评价广义指对拟议中的人为活动（包括建设项目、资源开发、区域开发、政策、立法、法规等）可能造成的环境影响（包括环境污染和生态破坏，也包括对环境的有利影响）进行分析、论证的全过程，并在此基础上提出采取的防治措施和对策。狭义指对拟议中的建设项目在兴建前即可行性研究阶段，对其选址、设计、施工等过程，特别是运营和生产阶段可能带来的环境影响进行预测和分析，提出相应的防治措施，为项目选址、设计及建成投产后的环境管理提供科学依据。

　　环境评价是指对拟议中人类的重要决策和开发建设活动，可能对环境产生的物理性、化学性或生物性的作用及其造成的环境变化和对人类健康和福利的可能影响，进行系统的分析和评估，并提出减少这些影响的对策措施。

　　制订环境规划的基本目的，在于不断改善和保护人类赖以生存和发展的自然环境，合理开发和利用各种资源，维护自然环境的生态平衡。因此，制定环境规划，应遵循下述五条基本原则：

　　（1）以生态理论和经济规律为基础，正确处理开发建设活动和环境保护的辩证关系原则。

　　（2）以经济建设为中心，以经济社会发展战略思想为指导的原则。

　　（3）合理开发利用资源的原则。

　　（4）环境目标的可行性原则。

　　（5）综合分析、整体优化的原则。

　　居住区环境是在一定的自然环境下，按一定的环境规划标准和质量要求，应用一定的科学理论和工程技术方法建设形成的居住区人工环境，是衡量人类居住生活质量的主要标尺之一。环境质量是指环境系统内在结构和外部所表现的状态对人类及生物界的生存和繁衍的适宜性。居住区环境质量可表述为：居住区环境系统对居民需求及其与周边环境协调发展的满足程度和适应性。

对居住区环境可以从两方面进行描述。定性描述涉及居住区环境建设管理工作的准则、原则、水平及能力程度的评价；定量描述包括各种居住环境的质量参数、指标和质量模型。居住区环境质量是居住区环境属性的重要表征，其内容涉及居住区环境的物质、精神和地域多个领域，包括居住区的水环境、空气环境、声光热环境、绿化环境、卫生环境和居住区特色环境等诸多环境质量影响因素，是保障居民生活质量的基本条件。居住区环境质量改善是人居环境科学和人类住区可持续发展领域的重要内容。为全体居民提供质量优良并能不断改善和提升的居住环境，既是现代居住区生存和可持续发展的基本保障，也是建筑环境学与环境工程学的重要交叉发展领域。

7.2.2 居住区景观检测的内容

居住景观，从属性上大致可分为自然景观与人文景观两大部分，人文景观的精神内涵通过物质要素展现出来，物质要素就具有了文化性。优秀的景观设计必然是物质与精神要素构成之间内在的、有机的联系。居住区的景观设计作为一项综合性的课题，透过其五光十色的表面现象，可以总结出一些内在的规律。

1. 整体性

从整体上确立居住景观的特色是设计的基础。这种特色是指住宅区总体景观的内在和外在特征。它来自于对当地的气候、环境等自然条件及历史、文化、艺术等人文条件的尊重与发掘。不是随设计者主观断想与臆造的，更不是肆意吹捧的商业词汇，而是通过对居住生活功能、规律的综合分析，对自然、人文条件的系统研究，对现代生产技术的科学把握，进而提炼、升华创造出来的与居住活动紧密交融的景观特征。景观设计应立足于自己的一方水土，尊重地域与气候，尊重民风乡俗，真正地关心居民景观于细微之处，精心创作，建造优秀的住宅小区。景观评价的主题与总体景观定位是一体化的，正是其确立的整体性原则决定了居住景观的特色，并有效地保证了景观的自然属性和真实性，从而满足了居民的心理寄托与感情归宿。

2. 舒适性

居住区景观设计的舒适性着重表现在视觉上与精神上的享受。事实上，优秀的居住景观不是仅停留在表面的视觉形式中，而是从人与建筑协调的关系中孕育出精神与情感，作为优美的景致深入人心。决定居住区景观舒适性的第一要素是它的规划布局。以确定的特色为构思出发点，应用场地知识规划出结构清晰、空间层次明确的总体布局，将直接决定居住景观的舒适性。第二要素是住宅本体的形式美。它涉及住宅的体量、尺度、细部、质感、色彩等多种成分。诺伯格·舒尔茨说过，"住宅的意义是和平地生存于一个保护感和归属感的场所"，而要产生归属感的前提是这种住宅的舒适性。第三要素是居住区道路设计。作为居民生活领域的扩展，道路景观具有动态、静态的双重特征。步行道路空间的尺度通过道路两侧的建筑、绿化、小品来控制。利用车道上面和地形高低落差形成的步行桥，视野开阔，可眺望风景。车行道路则要关注两侧景观的连接性。在适当的距离内，住宅布置要有变化，创造小的开放空间，使建筑形态在统一的韵律中有对比和变化。第四要素是居住区的环境设施。具有实用的功能性和观赏性的景观从幼儿到老人都会感到愉悦，更能丰富人们的室外生活。这些环境设施包括休闲设施、儿童游乐设施、灯具设施、标志指引设施、服务设施等，与人的各种休闲、娱乐活动密切相关，对人的精神陶冶有不可低估的作用。第五要素是居住区庭院绿化、小品景观的设计。

居住区绿化是提高住宅生态环境质量的必然条件和自然基础，同时绿化景观的营造也是居住区总体景观中的权重因素。庭院是指住宅和交通之外的所有外部空间。其类型有以活动为目的的广场，有以观赏为目的的花园，此外还有水体或游泳池等设施。广场、花园主题的合理选取与风格的适度把握有助于整个住宅区环境品味的提升。庭院可以为居民提供较为宽敞的交往空间，也让人切身感受到丰富的自然。树木的位置和大小，有利于保护住户的私密性；根据四季变化栽种树木，给人以季节感；用木、石、水等天然材料，给人们的生活以安逸感。庭院景观最能体现环境艺术的创意与想象。

3. 生态性

居住区的环境景观设计，要在尊重、保护自然生态资源的前提下，根据景观生态学原理和方法，充分利用基地的原生态山水地形、树木花草、动物、土壤及大自然中的阳光、空气、气候因素等，合理布局、精心设计，创造出接近自然的居住区绿色景观环境。

应该说，回归自然、亲近自然是人的本性。也是居住发展的基本方向。居住区景观设计第一步就要考虑到当地的生态环境特点，对原有土地、植被、河流等要素进行保护和利用；第二步，就是要进行自然的再创造，即在人们充分尊重自然生态系统的前提下，发挥主观能动性，合理规划人工景观。不论是在住宅本体上或是居住环境中，每一种景观创造的背后都应与生态原则相吻合，都应体现出形式与内容内在的理性与逻辑性。特别是要重视现代科学技术与自然资源利用的结合，寻求适应自然生态环境的居住形式，创造出整体有序、协调共生的良性生态系统，为居民的生存发展提供适宜的环境。美国著名的景观建筑师西蒙兹认为："应把青山、峡谷、阳光、水、植物和空气带进集中计划领域，细心而有系统地把建筑置于群山之间、河谷之畔．并于风景之中。"具有生态性的居住景观能够唤起居民美好的情趣和感情的寄托，从而达到诗意的栖居。

4. 人本性

居住区的环境景观建设，是为城市居民创造一个舒适、健康、生态的居住地。作为居住区的主体，人对居住区环境有着物质方面和精神方面的要求。具体有生理的、安全的、交往的、休闲的和审美的要求。环境景观设计首先要了解住户的各种需求，在此基础上进行设计。在设计过程中，要注重对人的尊重和理解，强调对人的关怀。体现在活动场地的分布、交往空间的设置、户外家具及景观小品的尺度等方面，使他们在交往、休闲、活动、赏景时更加舒适、便捷，创造一个更加健康生态、更具亲和力的居住区环境。

5. 人文性

居住环境，离不开住宅所在地区的文化脉络。居住景观是其所在城市环境的一个组成部分，对创造城市的景观形象有着重要的作用。同时居住景观本身又反映了一定的文化背景和审美趋向，离开文化与美学去谈景观，也就降低了景观的品位和格调。优美的景观与浓郁的地域文化、地方美学应有机统一、和谐共生。凯文·林奇说过："人们通常认为美的对象，多数是单一意义的，如一幅画、一棵树。通过长期的发展和人类意志的某种影响，在他们之中有了一种从细部到整个结构的密切的可见的联系。"在人们的居住生活中，审美是建立在传统的文化体验基础上的。居住文化的核心就是"传统"，居住景观设计的人文特色就是在解析了传统因素之后上升到又一个新的层次去阐释和建构。重视居住景观设计的人文原则，正是从精神文化的角度去把握景观的内涵特征。居住景观提纯和演绎了自然环境、建筑风格、社会风尚、生活方式、文化心理、审美情趣、民俗传统、宗教信仰等要素，再通过具体的方式表达出来，能够给人以直观的精神享受。

美是人类生活永恒的主题，居住景观之美是居民高层次的需求，通过对居住景观整体和各要素的合理组构，使其具有完整、和谐、连续、丰富的特点，是美的基本特征。居住景观之美能潜移默化地更新人的观念，提高人的修养，提升人的品质，培养人的情操。创造优美的居住景观是设计者的最高追求。居住小区景观建筑学是一门综合性的学科，它能反映不同时期的社会、经济、文化特点。社会的发展和形势的需要向我们提出了更高的要求，我们有责任、有理由按照景观建筑学的基本原则去创造一个具有认同感、归属感的"家园"，从而弥补我们曾经缺漏的"课程"，避免那种"跟风"现象并重新找回自己本该拥有的绿地和文化。因为未来的我们更渴望轻松明快、温馨优雅的住宅；更渴望新鲜空气、绿树红花；也更渴望有一块让孩子们自由奔跑的阳光地带，一片能让老人们安心晨练的净土，一个具有认同感、归属感、缓解商品社会中城市高节奏带来压力的——人们自己的"家园"。

7.2.3　居住区污染检测

环境污染的产生和存在可以说由来已久，但它真正引起人们的重视和普遍关注却是在20世纪50年代以后。那时由于工业和城市化的迅速发展，产生了一系列重大的环境污染事件。正是由于这些环境污染事件，导致了人群在短时间内大量致病和死亡，产生了不利于社会、经济发展的社会效应，促使环境污染成为一个全球社会性的问题而被人们重视。

在人们的环境意识越来越强的发展趋势下，房地产经纪活动也应涉及对环境污染的认识和了解。对环境污染的认识和了解应包括环境污染的概念、类型、危害，污染物和污染源，以及环境污染的防治。环境污染的危害和污染物将在后面分节介绍有关类型的环境污染时介绍。这里仅介绍环境污染的概念、环境污染的类型、环境污染源。

环境污染是指有害物质或因子进入环境，并在环境中扩散、迁移、转化，使环境系统结构与功能发生变化，对人类及其他生物的生存和发展产生不良影响的现象。例如，工业废水或生活污水的排放使水质变坏，化石燃料的大量燃烧使大气中颗粒物和二氧化硫的浓度急剧增高等现象，均属于环境污染。环境污染是人类活动的结果。随着工业化和城市化的发展及人口的增加，人类如果对自然资源进行不合理的开发利用，环境污染将会日趋严重。

1. 环境污染的类型

环境污染有许多类型，因目的、角度的不同而有不同的划分方法。按照环境要素，环境污染分为大气污染、水污染、土壤污染等。按照污染物的性质，环境污染分为物理污染（如声、光、热、辐射等）、化学污染（如无机物、有机物）、生物污染（如霉菌、细菌、病毒等）。按照污染物的形态，环境污染分为废气污染、废水污染、噪声污染、固体废物污染、辐射污染等。按照污染产生的原因，环境污染分为工业污染、交通污染、农业污染、生活污染等。按照污染的空间，环境污染分为室内环境污染和室外环境污染。按照污染物分布的范围，环境污染分为全球性污染、区域性污染、局部性污染等。

2. 环境污染源

环境污染源简称污染源，是指造成环境污染的发生源或环境污染的来源，即向环境排放有害物质或对环境产生有害影响的场所、设备和装置等。例如，垃圾堆放地、垃圾填埋场，农药、化肥残留地，化工厂或化工厂原址，高压输电线路、无线电发射塔、建筑材料，受污染的河流、沟渠，厕所、垃圾站（垃圾处理厂），移动的汽车、火车、轮船、飞机，农贸市场、建筑工地等，都是环境污染源。

环境污染源按照污染物发生的类型，可分为工业污染源、交道污染源、农业污染源和生活污染源等。按照污染源存在的形式，可分为固定污染源和移动污染源。其中，固定污染源是指像工厂、烟囱之类位置固定的污染源；移动污染源是指像汽车、火车、飞机之类位置移动的污染源。按照污染物排放的形式，可分为点源、线源和面源。其中，点源是集中在某一点的小范围内排放污染物，如烟囱；线源是沿着一条线排放污染物，如汽车在道路上移动造成污染；面源是在一个大范围内排放污染物，如工业区许多烟囱构成一个区域性的污染源。按照污染物排放的空间，可分为高架源和地面源。其中，高架源是指在距地面一定高度上排放污染物的污染源，如烟囱；地面源是指在地面上排放污染物的污染源。按照污染物排放的时间，可分为连续源、间断源和瞬间源。其中，连续源连续排放污染物，如火力发电厂的排烟；间断源间歇排放污染物，如生产过程的排气；瞬时源在无规律的短时间内排放污染物，如事故排放。按照污染源存在的时间，可分为暂时性污染源和永久性污染源。暂时性污染源经过一段时间之后就会自动消失，如建筑施工噪声，待建筑工程完工后就不存在了。而永久性污染源一般是长期存在的，如在住宅旁边修筑一条道路所带来的汽车噪声污染，将会是长期的。

3. 大气污染

大气就是空气，是人类赖以生存、片刻也不能缺少的物质。一个成年人每天大约吸入15kg空气，远远超过其每天所需1.5kg食物和2.5kg饮水的数量。可见，空气质量的好坏对人体健康十分重要。大气污染是一种普遍发生的环境污染，对人体健康产生很大危害。

洁净的空气，氮气占78%，氧气占21%，氩气占0.93%，二氧化碳占0.03%，还有微量的其他气体，如氖、氦、氪、氢、氙、臭氧等。大气污染就是空气污染，是指人类向空气中排放各种物质，包括许多有毒有害物质，使空气成分长期改变而不能恢复，以致对人体健康产生不良影响的现象。

为改善环境空气质量，防止生态破坏，创造清洁适宜的环境，保护人体健康，我国制定了《环境空气质量标准》（GB 3095—1996），该标准规定了环境空气中各项污染物不允许超过的浓度限值。如果环境空气中某项污染物超过了该浓度限值，就认为它污染了环境空气。超过得越多，说明污染越严重。

排入大气的污染物种类很多，按照污染物的形态，大气污染物分为颗粒污染物和气态污染物两大类。

颗粒污染物又称总悬浮颗粒物，是指能悬浮在空气中，空气动力学当量直径（以下简称直径）不大于$100\mu m$的颗粒物。颗粒污染物主要有尘粒、粉尘、烟尘和雾尘。

尘粒一般是指直径大于$75\mu m$的颗粒物。尘粒由于直径较大，可以因重力沉降到地面。

粉尘按照其颗粒大小，分为落尘和飘尘。落尘又称降尘，颗粒相对较大，直径在 $10\mu m$ 以上，靠重力可以在短时间内沉降到地面。飘尘又称可吸入颗粒物，颗粒相对较小，直径在 $10\mu m$ 以下，不易沉降，能长时间在空中飘浮。

烟尘是指在燃料的燃烧、高温熔融和化学反应等过程中形成的飘浮于空中的颗粒物。典型的烟尘是烟筒里冒出的黑色烟雾，即燃烧不完全的小小黑色炭粒。烟尘的粒径很小，一般小于 $1\mu m$。

雾尘是指悬浮于空中的小液态粒子，如水雾、酸雾、碱雾、油雾等。雾尘的直径小于 $100\mu m$。

颗粒污染物对人体的危害程度与其直径大小和化学成分有关。对人体危害最大的是飘尘，它可被人吸入，其中直径在 $0.5\text{-}5\mu m$ 的飘尘可以直接到达肺细胞而沉积。有的飘尘表面还吸附着许多有害气体和微生物，甚至携带着致癌物质，对人体危害更大。煤烟尘能把建筑物表面熏黑，严重时能刺激人的眼睛，引起结膜炎等眼病。颗粒污染物能散射和吸收阳光，使能见度降低，落到植物上，会堵塞植物气孔，影响农林作物生长，降低花木的观赏价值，影响城市市容。颗粒污染物还能加速金属材料和设备的腐蚀，落入精密仪器设备会增加磨损，甚至造成事故。

随着现代工业的发展，很多重金属颗粒物，如镉、锌、镍、钛、锰、砷、汞、铅等污染大气后，能引起人体慢性中毒。其中以铅的危害多而重，铅通过血液到达大脑细胞，沉积凝固，危害人的神经系统，使人智力衰退、记忆力锐减，形成痴呆症或引起中毒性神经病。

4. 环境噪声污染

环境噪声污染对人体的危害虽然不如大气污染那么严重，但对人体健康及生活环境有不良影响是不可否认的。随着工业生产、交通运输、建筑施工等的发展，环境噪声污染日益严重，已成为严重扰民的突出问题。大量的研究表明，环境噪声污染是影响面最广的一种环境污染。

环境噪声是指干扰人们休息、工作和学习的声音，即不需要的声音。此外，振幅和频率杂乱、断续或统计上无规律的声振动，也称噪声。环境噪声污染是指所产生的环境噪声超过国家规定的环境噪声标准，并干扰他人正常生活、工作和学习的现象。

环境噪声污染有下列三个特征：第一，环境噪声污染是能量污染。发声源停止发声，污染即自行消除。第二，环境噪声污染是感觉公害。对环境噪声污染的评价，不仅要考虑噪声源的性质、强度，还要考虑受害者的生理与心理状态。如夜间的噪声对睡眠的影响，老年人与青年人、脑力劳动者与体力劳动者、健康人与病患者的反应是不同的。第三，环境噪声污染具有局限性和分散性。所谓局限性和分散性，是指环境噪声影响范围的局限性和噪声源分布的分散性，随着离噪声源距离的增加和受建筑物及绿化林带的阻挡，声能量衰减，受影响的主要是噪声源附近地区。

按照噪声产生的机理，噪声分为机械噪声、空气动力噪声和电磁性噪声三类。机械噪声是物体间相互撞击、摩擦，如锻锤、织机、机床等产生的噪声。叶片高速旋转或高速气流通过叶片时，会使叶片两侧的空气发生压力突变，激发声波，如通风机、鼓风机、压缩机、发动机迫使气体通过进、排气口时传出的声音。即为空气动力噪声。电磁性噪声是由于电机等的交变力相互作用而产生的声音，如电流和磁场的相互作用产生的噪声，发电机、变压器产生的噪声。

按照噪声随时间的变化情况，噪声分为稳态噪声和非稳态噪声两类。稳态噪声的强度不随时间变化，如电机、风机等产生的噪声。非稳态噪声的强度随时间变化，又可分为瞬时的、周期性起伏的、脉冲的和无规则的噪声。

应该说，环境噪声对人的影响是一个很复杂的问题，不仅与噪声的性质有关，而且与个人的心理、生理和社会生活等有关。年龄大小、体质好坏不同的人对噪声的忍受程度也不同，例如青年和儿童往往喜欢热闹的环境，老年人则喜欢清闲幽静。体质差的人，尤其是高血压和精神病患者，对噪声特别容易感到烦恼。

环境噪声污染的危害主要表现在下列几个方面：

第一，环境噪声污染对听力的损伤。噪声对听力的损害是人们最早认识到的一种损害。人们在强噪声环境中暴露一定时间后，听力会下降；离开噪声环境到安静的场所休息一段时间，听觉会恢复，这种现象为听觉疲劳。但长期在噪声环境中工作，听觉疲劳就不能恢复，而且内耳感觉器官会发生器质性病变，造成噪声性耳聋或噪声性听力损失。例如，噪声污染是老年耳聋的一个重要因素。

第二，环境噪声污染对睡眠的干扰。睡眠是人消除疲劳、恢复体力和维持健康的一个重要条件，但是噪声会影响人的睡眠质量和数量，老年人和病人对噪声的干扰更敏感。当人受噪声干扰而辗转不能入睡时，就会出现呼吸频繁、脉搏跳动加剧、神经兴奋等现象，第二天会觉得疲倦、易累，从而影响工作效率，久而久之，就会引起失眠、耳鸣多梦、疲劳无力和记忆力衰退等。

第三，环境噪声污染对人体的生理影响。研究表明，噪声污染对人体的全身系统，特别是对神经系统、心血管和内分泌系统产生不良的影响。噪声作用于人的中枢神经系统，使人的基本生理过程——大脑皮层的兴奋和抑制平衡失调，可以产生头痛、昏厥、耳鸣、多梦等症状，称为神经官能症。噪声会引起人体紧张的反应，刺激肾上腺素的分泌，因而引起心率改变和血压升高，是造成心脏病的一个重要原因。噪声会使人的唾液、胃液分泌减少，从而易患消化道溃疡症等。

第四，环境噪声污染对人体心理的影响。噪声污染引起的心理影响主要是使人烦恼激动、易怒，甚至失去理智。噪声容易使人疲劳，往往会影响精力集中和工作效率，尤其是对那些要求注意力高度集中的复杂作业和从事脑力劳动的人，影响更大。另外，由于噪声的心理作用，分散了人们的注意力，容易引起事故。

第五，环境噪声污染对儿童的影响。噪声污染会影响儿童的智力发育，吵闹环境中的儿童智力发育比安静环境中的低20％。研究还表明，噪声与胎儿畸形有关。

此外，高强度的噪声还能影响物质结构，从而破坏机械设备和建筑物。研究表明，强噪声会使金属疲劳，造成飞机及导弹失事。在日常生活中，如交谈、思考问题、读书及写作等，均会受噪声干扰而无法进行；学校的教育环境也会因受噪声干扰而被破坏。

5. 水污染

水是生命的源泉，水环境是人类和其他生物赖以生存的自然环境。地球上可供生活和生产利用的水资源非常有限。随着人类社会的发展，水污染现象越来越严重。

水污染是指因某些物质的介入，而导致水体化学、物理、生物或者放射性等方面特性的改变，从而影响水的有效利用，危害人体健康或者破坏生态环境，造成水质恶化的现象。

水污染可分为地表水污染、地下水污染和海洋污染。地表水的污染物多来自工业和城市生活排放的污水以及农田、农村居民点的排水。海洋污染的范围主要是沿海水域的污染，主要是由沿海航行的船舶排出的废油，油轮触礁而漏散的原油，临海工厂排放的废水，以及沿海居民抛弃的垃圾等所致。被污染的地表水可能随雨水渗到地下，引起地下水污染。另外，过度开采地下水不仅使地下水位下降，而且会使水质恶化。由于地下水是一种封闭性的水，一旦被污染，很难净化；即使切断污染源，仍需数年才能恢复清洁。

与居住生活有关的水污染物及其危害主要是：

（1）植物营养物及其危害。植物营养物主要是指氮、磷、钾、硫及其化合物。氮和磷都是植物生长繁殖所必需的营养素，从植物生长的角度看，植物营养物是宝贵的物质，但过多的营养物质进入天然水体，使水体染上"富贵病"，从而使水质恶化，危害人体健康和影响渔业发展。天然水体中过量的营养物质主要来自农田施肥、农业废弃物、城市生活污水及某些工业废水。

（2）酚类化合物及其危害。酚有毒性，水遭受酚污染后，将严重影响水产品的产量和质量；人体经常摄入，会产生慢性中毒，发生呕吐、腹泻、头痛头晕、精神不振等症状。水中酚的来源主要是冶金、煤气、炼焦、石油化工、塑料等工业排放的含酚废水。另外，城市生活污水也是酚类污染物的来源。

（3）氰化物及其危害。氰化物是剧毒物质，一般人误服 0.1g 左右的氰化钾或氰化钠便立即死亡，敏感的人甚至服用 0.06g 就可致死。水中的氰化物主要来自化学、电镀、煤气、炼焦等工业排放的含氰废水，如电镀废水、焦炉和高炉的煤气洗涤冷却水、化工厂的含氰废水，以及选矿废水等。

（4）酸碱及其危害。酸碱废水破坏水的自净功能，腐蚀管道和船舶。水体如果长期遭受酸碱污染，水质逐渐恶化，还会引起周围土壤酸碱化。酸性废水主要来自矿山排水和各种酸洗废水、酸性造纸废水等，雨水淋洗含二氧化硫的空气后，汇入地表水也能造成酸污染。碱性废水主要来自碱法造纸、人工纤维、制碱、制革等工业废水。

（5）放射性物质及其危害。水体所含有的放射性物质构成一种特殊的污染，总称为放射性辐射污染。污染水的最危险的放射性物质是锶、铯等，这些物质半衰期长，经水和食物进入人体后，能在一定部位积累，增加对人体的放射性照射，严重时可引起遗传变异和癌症。在水环境中，有时放射性物质虽然不多，但能经水生食物链而富集。放射性物质的主要来源有：①原子能核电站排放废水；②核武器试验带来的，主要是大气中放射性尘埃的降落和地面径流；③放射性同位素在化学、冶金、医学、农业等部门的广泛应用，随污水排入水中，造成对生物和人体的污染。

（6）病原微生物及其危害。病原微生物有病菌、病毒和寄生虫三类，对人类的健康带来威胁。水中病原微生物主要来自生活污水和医院污水、制革、屠宰、洗毛等工业废水，以及牲畜污水。

6. 固体废物污染

固体废物是指在生产和消费过程中被丢弃的固体或泥状物质，包括从废水、废气中分离出来的固体颗粒。

固体废物的种类很多，按照废物的形状，可分为颗粒状废物、粉状废物、块状废物和泥状废物（污泥）。按照废物的化学性质，可分为有机废物和无机废物。按照废物的危害状况，可分为有害废物和一般废物。其中，有害废物是指对人体健康或环境造成现实危害或潜在危害的废物。为了便于管理，又可将有害废物分为有害的、易燃的、有腐蚀性的、能传播疾病的、有较强化学反应的废物。按照废物来源，可分为城市垃圾、工业固体废物、农业废弃物和放射性固体废物。

固体废物不仅侵占大量土地，对环境的污染也是多方面的。例如，散发恶臭、污染大气，污染地表水和地下水，改变土壤性质和土壤结构。许多固体废物所含的有毒物质和病原体，除了通过生物传播，还以大气为媒介进行传播和扩散，危害人体健康。这里主要对城市垃圾和工业固体废物及其危害作简要说明。

城市垃圾及其危害。城市垃圾主要包括城市居民的生活垃圾，商业垃圾、建筑垃圾、市政维护和管理中产生的垃圾，但不包括工厂排出的工业固体废物。城市垃圾的种类多而杂，如处理不善，将严重影响城市的卫生环境和城市的容貌。城市垃圾中的废物主要有食物垃圾、纸、木、布、金属、玻璃、塑料、陶瓷、器具、杂品、碎砖瓦、建筑材料、电器、汽车、树叶、粪便等。其中，许多东西属于有机物，能够腐烂而产生臭味，影响居民生活。城市垃圾堆放或填埋地如果未经合理选址和安全处理，经雨水浸淋，会污染河流、湖泊和地下水。许多城市垃圾本身或者在焚化时，会散发毒气和臭气，危害人体健康。

7. 辐射污染

辐射有电磁辐射和放射性辐射两种。其中，电磁辐射是指能量以波的形式发射出去，放射性辐射是指能量以波的形式和粒子一起发射出去。因此，辐射污染可分为电磁辐射污染和放射性辐射污染两大类。

在电磁波中，波长最短的是 X 射线，其次是紫外线，再次是可见光（人眼能看见它们），此后是红外线，波长最长的是无线电波。电磁辐射污染是指电磁辐射的强度达到一定程度时，对人体机能产生一定的破坏作用。它可分为光污染和其他电磁辐射污染。光是一种电磁波，分为可见光和不可见光。光污染是指人类活动造成的过量光辐射对人类生活和生产环境形成不良影响的现象。光污染可分为可见光污染和不可见光污染。不可见光污染又可分为红外光污染和紫外光污染。可见光污染有下列几种：（1）灯光污染。如路灯控制不当或建筑工地的聚光灯，照进住宅，影响居民休息等。（2）眩光污染。如电焊时产生的强烈眩光，在无防护情况下会对人的眼睛造成伤害；夜间迎面驶来的汽车的灯光，会使人视物不清，造成事故；车站、机场等过多闪动的信号灯，使人视觉不舒服。（3）视觉污染。这是一种特殊形式的光污染，是指城市中杂乱的视觉环境，如杂乱的垃圾堆物、乱摆的货摊、五颜六色的广告和招贴等。（4）其他可见光污染。如商店、宾馆、写字楼等建筑物，外墙全部用玻璃或反光玻璃装饰，在阳光或强烈灯光照射下发生反光，会扰乱驾驶员或行人的视觉，成为交通事故的隐患。其他电磁辐射污染。除光之外的其他电磁辐射污染，通常称为电磁辐射污染，简称电磁污染。电磁辐射污染包括各种天然的和人为的电磁波干扰和有害的电磁辐射。但通常所讲的电磁辐射污染，主要是指人为发射的和电子设备工作时产生的电磁波对人体健康产生的危害。

电磁辐射对人体的危害程度随着电磁波波长的缩短而增加。根据电磁波的波长，电磁波分为微波、超短波、短波、中波、长波。因此，它们对人体的危害程度分别是：微波＞超短波＞短波＞中波＞长波。其中，中、短波频段俗称高频辐射。经常接受高频辐射的人普遍感到头痛头晕、周身不适、疲倦乏力、睡眠障碍、记忆力减退等，还能引起食欲不振、心血管系统疾病及女性月经周期紊乱等。在高压输电线路下面，人和动物的生长发育受阻碍；在距其 90～100m 的半径范围内，人的脉搏跳动时快时慢，血压升高或下降，血液中白细胞数高于正常值等。超短波和微波对人体的损害更大。如微波除了上述危害，还能损伤眼睛，严重的会导致白内障。

人为电磁辐射污染源主要有广播、电视辐射系统的发射塔，人造卫星通信系统的地面站，雷达系统的雷达站，高压输电线路、变压器和变电站，各种高频设备，如高频热合机、高频淬火机、高频焊接机、高频烘干机、高频和微波理疗机以及微波炉等。

8 房屋查验规范

8.1 法律法规

[1]《关于实施住宅工程质量分户验收工作的指导意见》(京建质〔2006〕第 139 号)

[2]《建设工程质量管理条例》(国务院令第 279 号)

[3]《住宅工程质量分户验收管理规定》(京建质〔2005〕999 号)

[4]《最高人民法院关于审理商品房买卖合同纠纷案件适用法律若干问题的解释》(法释〔2003〕7 号)

8.2 技术标准、规范

[1] 中华人民共和国国家标准. 地下防水工程质量验收规范(GB 50208—2011)〔S〕. 北京：中国建筑工业出版社，2002.

[2] 中华人民共和国国家标准. 防盗门通用技术条件(GB 17565—2007)〔S〕. 北京：中国标准出版社，2017.

[3] 中华人民共和国国家标准. 钢结构工程施工质量验收规范(GB 50205—2001)〔S〕. 北京：中国建筑工业出版社，2002.

[4] 中华人民共和国国家标准. 工程测量规范(GB 50026—2007)〔S〕. 北京：中国计划出版社，2008.

[5] 中华人民共和国国家标准. 环境空气质量标准(GB 3095—1996)〔S〕. 北京：中国环境科出版社，1996.

[6] 中华人民共和国国家标准，混凝土结构工程施工质量验收规范(GB 50204—2002)(2011 年版)〔S〕. 北京：中国建筑工业出版社，2011.

[7] 中华人民共和国国家标准，火灾自动报警系统竣工及验收规范(GB 50166—2007)〔S〕. 北京：中国计划出版社，2007.

[8] 中华人民共和国国家标准. 建筑地基基础工程施工质量验收规范(GB 50202—2002)〔S〕. 北京：中国建筑工业出版社，2002.

[9] 中华人民共和国国家标准. 建筑地面工程施工质量验收规范(GB 50209—2010)〔S〕. 北京：中国计划出版社，2010.

[10] 中华人民共和国国家标准，建筑电气工程施工质量验收规范(GB 50303—2002)〔S〕. 北京：中国建筑工业出版社，2007.

[11] 中华人民共和国国家标准. 建筑防腐蚀工程施工及验收规范(GB 50212—2002)〔S〕. 北京：中国华侨出版社，2003.

［12］中华人民共和国国家标准. 建筑给水排水及采暖工程施工质量验收规范（GB 50242—2002）［S］. 北京：中国标准出版社，2002.

［13］中华人民共和国国家标准. 建筑工程施工质量验收统一标准（GB 50300—2013）［S］. 北京：中国建筑工业出版社，2014.

［14］中华人民共和国国家标准. 建筑设计防火规范（GB 50016—2006）［S］. 北京：中国计划出版社，2006.

［15］中华人民共和国国家标准. 建筑装饰装修工程施工质量验收规范（GB 50210—2001）［S］. 北京：中国建筑工业出版社，2007.

［16］中华人民共和国国家标准. 民用建筑工程室内环境污染控制规范（GB 50325—2010）（2013 年版）［S］. 北京：中国计划出版社，2013.

［17］中华人民共和国国家标准，民用建筑设计通则（GB 50352—2005）［S］. 北京：中国建筑工业出版社，2005.

［18］中华人民共和国国家标准. 木结构工程施工质量验收规范（GB 50206—2012）［S］. 北京：中国建筑工业出版社，2012.

［19］中华人民共和国国家标准. 砌体工程施工质量验收规范（GB 50203—2011）［S］. 北京：中国建筑工业出版社，2011.

［20］中华人民共和国国家标准. 烧结普通砖（GB 5101—2003）［S］. 北京：中国标准出版社，2004.

［21］中华人民共和国国家标准. 通风与空调工程施工质量验收规范（GB 50243—2002）［S］. 北京：中国华侨出版社，2002.

［22］中华人民共和国国家标准.《通用硅酸盐水泥》国家标准第 1 号修改单（GB 175—2007/×G1—2009）［S］. 北京：中国标准出版社，2008.

［23］中华人民共和国国家标准，屋面工程质量验收规范（GB 50207—2012）［S］. 北京：中国建筑工业出版社，2012.

［24］中华人民共和国国家标准. 烟囱工程施工及验收规范（GB 50078—2008）［S］. 北京：中国计划出版社，2009.

［25］中华人民共和国国家标准. 住宅装饰装修工程施工规范（GB 50327—2001）［S］. 北京：中国建筑工业出版社，2001.

［26］中华人民共和国行业标准. 玻璃幕墙工程技术规范（JGJ 102—2003）［S］. 北京：中国建筑工业出版社. 2004.

［27］中华人民共和国行业标准. 居住建筑节能检测标准（JGJ/T 132—2009）［S］. 北京：中国建筑工业出版社，2010.

［28］中华人民共和国行业标准. 塑料门窗工程技术规程（JGJ 103—2008）［S］. 北京：中国建筑工业出版社，2008.

［29］中华人民共和国行业标准，外墙饰面砖工程施工及验收规程（JGJ 126—2000）［S］. 北京：中国建筑工业出版社，2000.

第二篇 验房师实务

9 房屋实地查验方法及验房工具使用

9.1 房屋实地查验方法

房屋实地查验的方法有很多，每种方法也都有优势和弊端。采用合理的房屋查验方法是验房过程中事关房屋查验结构客观与否的必然要求（表 9-1）。

验房方法及所需工具一览表 表 9-1

序号	名称	内容描述	相应工具
1	目测法	验房人员通过观测，可以判断房屋各部位表面的质量情况。目测法主要衡量房屋的外观观感质量，如色彩、褶皱、凹凸、断裂、波纹、无漏涂、透底、掉粉、起皮等	放大镜、照相机、手电筒
2	触摸法	验房人员通过触摸，可以具体感知房屋细部处理的好坏程度。触摸法主要衡量房屋涂料涂饰、设备构件的铺设与安装情况，如表面是否平滑、接缝是否密封、边框是否打磨圆滑等	手套、平面板、伸缩杆等
3	测量法	验房人员通过测量，获取房屋的基本数据。测量法主要是用测量工具和计量仪表等检测断面尺寸、轴线、标高、湿度、温度等偏差。另外，还可以以方尺套方，辅以塞尺检查，如对阴阳角方正、踢脚线垂直度、预制构件方正等项目进行检查	盒足、卷尺、垂直检测尺、多功能内外直角检测尺、多功能垂直校正器、对角检测尺等
4	照射法	验房人员通过照射，评价难以看到或光线较暗部位的建造质量。照射法主要通过镜子反射、灯光照射等方法对某些需要查看是否平整的部位进行检查。如墙面、地面涂层的平整等	反光镜、大灯与小灯等
5	敲击法	验房人员通过敲击法，检查隐藏工程的工程质量。敲击法主要通过利用特殊的敲击工具，考察隐蔽部位是否存在空鼓、起皱、用料不均等情况。例如隔墙中是否存在空鼓现象，夹层面板是否有密实的填充物等	手锤、小锤、活动响鼓锤（25g）、钢针小锤（10g）等
6	吊线法	验房人员通过吊线法，检查房屋墙壁、拐角有无歪斜。吊线法主要通过线锤等工具检验房屋各类竖墙、排架的垂直情况	托线板、吊线锤、直角尺等
7	试电法	验房人员通过试电法，对房屋各种电气设备进行简单测试。试电法主要通过实际试验的方法对各种设备进行有效性和安全性检测。包括总电表、开关、插座、警报系统、电线、电闸、视频对讲机、自动防火报警器、电视、电话、网络等	带两头和三头插头的插排（印带指示灯的插座）、各种插头、电话、电视、竟带、万用表、摇表、多用螺丝刀（"一"字和"十"字）、5号电池2节、测电笔等
8	试水法	验房人员通过试水法，对房屋各种供水排水设备进行简单测试。试水法主要通过实际试验的方法对各种设备进行有效性和安全性检测。包括盥洗设备、洗浴设备、卫生设备、水管及管道、防水工程、排风扇、各类五金配件、水表、地漏与散水等	洗脸盆、毛巾、水表、撬子等

9.2 常用验房工具使用说明

1. 垂直检测尺（又名 2m 靠尺）

可进行垂直度检测，水平度检测、平整度检测，是验房中使用频率最高的一种检测工具。用于检测墙面、瓷砖是否平整、垂直，检测地板龙骨是否水平、平整（图 9-1）。

图 9-1　垂直检测尺

（1）垂直度检测：检测尺为可折式结构，合拢长 1m，展开长 2m。用于 1m 检测时，推下仪表盖，活动销推键向上推，将检测尺左侧面靠紧被测面（注意：握尺要垂直，观察红色活动稍外露 3～5mm，摆动灵活即可）。待指针自行摆动停止时，直读指针所指刻度的下行刻度数值，此数值即被测面 1m 垂直度偏差，每格为 1mm。2m 检测时，将检测尺展开后锁紧连接扣，检测方法同上，直读指针所指上行刻度数值，此数值即被测面 2m 垂直度偏差，每格为 1mm。如被测面不平整，可用右侧上下靠脚检测。

（2）平整度检测：检测尺侧面靠紧被测面，其缝隙大小用楔形塞尺检测，其数值即平整度偏差。

（3）水平度检测：检测尺侧面装有水准管，可检测水平度，用法同普通水平仪。

（4）校正方法：垂直检测时，如发现仪表指针数值偏差，应将检测尺放在标准器上进行校对调正，标准器可自制、将一根长约 2.1m 水平直方木或铝型材，竖直安装在墙面上，由线坠调正垂直，将检测尺放在标准水平物体上，用十字螺丝刀调节水准管 "S" 螺丝，使气泡居中。

2. 对角检测尺

对角检测尺可检测方形物体两对角线长度对比的偏差。检测方形物体两对角线长度对比偏差时，将尺子放在方形物体的对角线上进行测量（图 9-2）。具体操作为：

图 9-2　对角检测尺

（1）检测尺为 3 节伸缩式结构，中节尺设 3 档刻度线。检测时，大节尺推键应锁定在中节尺上某档刻度线 "0" 位，将检测尺两端尖角顶紧被测对角顶点，固紧小节尺。检测另 1 对角线时，松开大节尺推键，检测后在固紧，目测推键在刻度线上所指的数值，此数值就是该物体上两对角线长度对比的偏差值（单位：mm）。

（2）检测尺小节尺顶端备有 M6 螺栓，可装楔形塞尺、活动锤头、便于高处检测使用。

3. 内外直角检测尺

内外直角检测尺用于检测物体上内外（阴阳）角的偏差及一般平面的垂直度与水平度（图 9-3）。具体操作为：

（1）内外直角检测：将推键向左推，拉出活动尺，旋转270°即可检测，检测时主尺及活动尺都应紧靠被测面，指针所指刻度表数值即被测面130mm长度的直角偏差，每格为1mm。

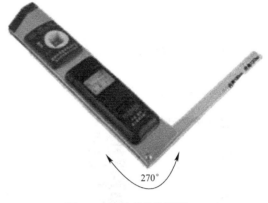

图9-3　内外直角检测尺

（2）垂直度水平度检测：可检测一般垂直度及水平度偏差，垂直度可用主尺侧面垂直靠在被测面上检测，检测水平度应把活动尺拉出旋转270°，指针对准"0"位，主尺垂直朝上，将活动尺平放在被测物体上进行检测。

4. 楔形塞尺

用于检测建筑物体上缝隙的大小及配合垂直检测尺检测物体平面的平整度（图9-4）。

图9-4　楔形塞尺

一般与水平尺相配使用，即将水平尺放于墙面上或地面上，然后用楔形塞尺塞入，以检测墙，地面水平度，垂直度误差。

建筑上一般用楔形塞尺来检查平整度/水平度/缝隙等，还直接检查门窗缝。

5. 激光标线仪

激光标线仪可提供水平线与垂直线，用以测地面与顶面的水平度，地面高差等（图9-5）。

激光标线仪属于精密仪器应该小心使用并妥善保管，避免强烈震动或跌落而损坏仪器。停止使用后请将电源开关打到"OFF"位置。不要尝试打开仪器，非专业拆卸将会损坏仪器。长期不用应取出电池，并请将仪器放入工具箱内。

6. 标线仪三脚架

支撑水平标线仪，可调节高低，配合激光标线仪使用（图9-6）。

图9-5　激光标线仪

图9-6　标线仪三脚架

7. 检测镜

用于检测建筑物体的上冒头、背面、弯曲面等肉眼不易直接看到的地方，手柄处有 M6 螺孔，可装在伸缩杆或对角检测尺上，以便于高处检测（图 9-7）。

8. 伸缩杆

可配合检测镜、游标塞尺、锤头使用，主要用于高处查验（图 9-8）。

图 9-7　检测镜

图 9-8　伸缩杆

9. 卷线器

卷线器为塑料盒式结构，内有尼龙丝线，拉出全长为 15 米，可检测建筑物体的平直度，如砖墙砌体灰缝、踢脚线等（用其他检测工具不易检测物体的平直部位）。检测时，拉紧两端丝线，放在被测处，目测观察对比。检测完毕后，用卷线手柄顺时针旋转，将丝线收入盒内，然后锁上方扣（图 9-9）。

10. 钢针小锤（锤头重 25g）

用它轻轻敲打抹灰后的墙面，可以判断墙面的空鼓程度及砂灰与砖、水泥冻结的粘合质量（图 9-10）。

图 9-9　卷线器

图 9-10　钢针小锤

11. 钢针小锤（锤头重 10g）

钢针小锤（锤头重 10g）的样子（图 9-10）。

（1）小锤轻轻敲打玻璃、马赛克、瓷砖，可以判断空鼓程度及粘合质量。

（2）拔出塑料手柄，里面是尖头钢针，钢针向被检物上戳几下，可探查出多孔板缝隙、砖缝等砂浆饱满度。

12. 三孔验电插头

该工具是电热水器、空调、洗衣机等家用电器安全用电必需的检测工具（图 9-11）。能显示电路中火线、零线、地线是否接错、接反、漏接、断开及漏电等不良故障的各种隐患。可用于检测 10A 和 16A 插座是否安装正确，相、零、地线是否连接正确，有无反接、检查漏电保护和回路是否正常。

该仪器为 10A 和 16A 通用，只要转动地线插脚即可实现 10A 和 16A 的转换。具体操作为：

（1）中脚向下 10A，旋转向上 16A。

（2）先按蓝色按钮，左边带"电"符号白色指示灯亮，是地线带电，表示危险！不得使用。

（3）按下蓝色按钮，左边带"电"符号白色指示灯不亮，红色指示灯"正确"发亮为合格电源，否则必须由电工进行整改。

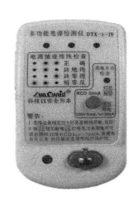

图 9-11　三孔验电插头

13. 空鼓锤

用于检查空鼓程度及粘合质量。敲击墙面、地面装饰层是否空鼓，玻璃，瓷砖等是否破裂（图 9-12）。

14. 感应验电笔

用于检测电器设备是否正常（图 9-13）。具体操作如下：

图 9-12　空鼓锤

图 9-13　感应验电笔

（1）火线检测。指尖触碰直接检测按钮，笔头插入火线内铜芯接触，灯亮蓝色，屏幕上显示数值为：12V、35V、55V、110V、220V。

（2）零线检测。指尖触碰直接检测按钮，笔头插入零线内铜芯接触，灯亮蓝色，屏幕上显示数值为：15V（存在外部电场时，或不显示数值，只是灯亮）。

（3）线路通断测试。一手按着线路的电器插头一端，另一手按着直接检测按钮，笔尖触碰插头的另一端。灯亮表示线路是通畅，不亮表示线路断了，需要用断电检测按钮查处断电。

（4）线路断电检测。检测出线路故障后，手按着"感应断点测试"按钮，笔头接近电线，会出现带电符号。一直沿着电线移动笔头，当带点符号消失，此处即为电线断电。

（5）电场感应测试。一手拿着测电笔笔头，指示灯会因为感应到电场存在而发亮。

（6）检测直流电。一直手拿着电池的一端，另一只手按着直接检测按钮，后则电笔头触碰电池的另一端。

另外：蓝灯亮表明电池电量充足，灯暗或不亮表明电池电量不足或无电。

15. "十"字螺丝刀

用于拆装配电箱，开关，插座等（图 9-14）。

16. "一"字螺丝刀

用于拆装配电箱，开关，插座等（图 9-14）。

17. 尖嘴手钳

用于检测电气辅助用，如检测线径时，掐捏电线及外皮等（图9-15）。

图9-14 "十"字和"一"字螺丝刀

图9-15 尖嘴手钳

18. 放大镜

用于查看裂纹等细微部位具体情况（图9-16）。

19. 噪声检测仪

用于检测室内噪音的分贝值，需配合吸声海绵套使用（图9-17）。

图9-16 放大镜

图9-17 噪声检测仪

20. 钢化玻璃检测仪

用于检测玻璃是否为钢化玻璃（图9-18）。

钢化玻璃检测镜：配合钢化玻璃检测仪使用（图9-19）

图9-18 钢化玻璃检测仪

图9-19 钢化玻璃检测镜

使用说明：打开电源，将被检测玻璃放到光源与手持光片中间，转动手持光片直到光源变最暗为佳，保持最佳角度，同时移动光源与手持光片，当通过光片看到玻璃有黑斑或者黑色条状斑点，即可判断为钢化玻璃，如果没有，则是普通玻璃。

21. 激光测距仪

用于测量房屋净高，净面积及物体间距离（图9-20）。

测量时不要将本激光测距仪指向太阳或其他强光源，这样会使测量出错，或者测量不准确（图9-20）。

22. 网络电话检测仪

用于检测网络和电话线通断情况（图9-21）。

图 9-20　激光测距仪

23. 卷尺

用于测量长度尺寸（图9-22）。

图 9-21　网络电话检测仪

图 9-22　卷尺

24. 多功能水平尺

用于测量物体水平度（图9-23）。

图 9-23　多功能水平尺

打开红色按钮激光开关，可以水平或竖直打线（上下搬动水平激光金属顶端即可任意打线），在水平面上，激光水平尺上的三颗水平珠可以进行水平定位。推到尾部 LOCK/UNLOCK 键，可进行对卷尺的拉出长度进行锁定。

25. 数显游标卡尺

游标卡尺是比较精密的量具，可用于测量电线线径等（图9-24）。

图 9-24　数显游标卡尺

10 验房报告及其规范格式

10.1 验房报告概念及其作用

验房报告是验房师向委托人出具的报告。

《房屋现场查验报告》

（1）本报告共分三部分，分别是基本信息、协议书和房屋查验情况表

（2）签订本报告中第二部分《协议书》前，验房人员（以下称：验房师）必须向业主或其委托人出示验房师证书；业主或委托人应当向验房人员出示所查验房屋的相关文件，如：《房产证》，《住宅质量保证书》或《建筑工程质量认定书》等证明所验房屋合法性的资料。

（3）业主与验房师按照自愿、公平及诚信的原则签订《协议书》，任何一方不得将自己的意志强加给另一方。双方当事人可以对文本条款的内容进行修改、补充或删减，但必须遵守国家法律、法规及相关规范和标准。

（4）本报告第三部分中，验房人员应当根据实际情况在选项前的方框内画"√"，表示该房屋有此内容；然后在后面的括号内填写"查验选项"的字母代号，备注栏应当填写客观选项中不包含的内容，或需要用文字说明的功能、安全、质量隐患和处理建议等。

（5）双方当事人可根据实际情况决定报告份数。

10.2 验房报告的规范格式

第一部分：基 本 情 况

委托人信息（甲方）			
委托人			
通信地址			
邮政编码		联系电话	
委托代理人		联系电话	

个人业务填写					
身份证					
家庭住址					
国籍		性别		出生日期	

公司（单位）业务填写	
企业名称	
营业执照号	

验房人员填写（乙方）					
姓名		性别		出生日期	
身份证				从业资质	
通讯地址				邮政编码	

双方共同确认			
房屋地址			
产权人			
房屋现状		①占用　②空置　③闲置　④出租　⑤抵押	
其他须说明情况			
房屋主体结构		①砖混　②钢筋混凝土　③木结构　④钢结构　⑤混合结构	
房屋位置		（幢、座）第　　层　　单元　　号	
房屋朝向		阳台数量	封闭式　个；非封闭式　个
房屋附属房间数	地下室		车库	地上　个；地下　个
验房目的		①出售　②购置　③装修　④出租　⑤抵押	
其他目的			
其他需说明的问题			
备注			

第二部分：协　议　书

（1）本《报告》只是对房屋现状的真实、客观反映。一切维修、维护或更换措施由委托人自行决定。

（2）本《报告》不能替代《住宅质量保证书》和《建筑工程质量认定书》。

（3）验房人员对数量较多的房屋构件或组成部分只进行抽样检测，如：砖、墙面、玻璃等。

（4）房屋查验不包括危险部位或容易造成人身损害的材料的检测。

（5）验房过程中，委托人应保证验房人员的独立性，确保查验环境不受干扰。

（6）验房人员进行房屋查验时，委托人（或代理人）必须始终陪同。因委托人没有陪同而造成的一切后果由委托人负责。

（7）验房费用以双方事先约定为准。

第三部分：现场房屋查验情况

（由验房师在查验的项目前的方格上打"√"，并在后面括号中填写质量标记）

【第一部分】室外	
查验选项	质量标记：A合格；B存在隐患；C不合格
【围护结构】 【地面】 【墙面】 【屋顶】 【细部】 【其他】	□围栏围护（　　）；□防盗网（　　）；□墙围护（　　）。 □路面（　　）；□草坪（　　）；□室外管线（　　）；□台阶（　　）。 □清水砖墙（　　）；□外墙装饰面砖（　　）；□外墙涂料（　　）； □玻璃幕墙（　　）。 □防水系统（　　）；□屋檐（　　）；□女儿墙（　　）； □通风（　　）；□烟囱（　　）。 □水管（　　）；□散水（　　）；□明沟（　　）；□勒角（　　）；□外窗台（　　）， □雨棚（　　）；□门斗（　　）。
备注	
照片	

【第二部分】楼地面	
查验选项	质量标记：A 合格；B 存在隐患；C 不合格
【装饰】 【防水】 【其他】	□水泥地面（　　　）；□地砖地面（　　　）； □地板地面（　　　）；□地面平整度（　　　）。 □路面防水（　　　）。
备注	
照片	

【第三部分】墙面，柱面	
查验选项	质量标记：A 合格；B 存在隐患；C 不合格
【装饰】 【细部】 【其他】	□抹灰墙面（　　）；□涂料墙面（　　）；□裱糊墙面（　　）； □块材墙面（　　）；□墙面平整度（　　）;；□墙面平行度（　　）。 □踢脚线（　　）；□墙裙（　　）；□功能孔（　　）。
备注	
照片	

【第四部分】顶棚	
查验选项	质量标记：A合格；B存在隐患；C不合格
【直接式】 【悬吊式】	□喷刷（　　）；□抹灰（　　）；□贴面（　　）。 □吊顶饰面（　　）；□吊顶龙骨（　　）；□灯具风扇（　　）。
备注	
照片	

【第五部分】结构	
查验选项	质量标记：A 合格；B 存在隐患；C 不合格
【柱】 【梁】 【板】	□柱面（　　）；□柱冒（　　）；□柱基（　　）。 □普通梁（　　）；□过梁（　　）；□挑梁（　　）；□圈梁（　　）。 □楼板（　　）；□屋面板（　　）。
备注	
照片	

【第六部分】门窗	
查验选项	质量标记：A合格；B存在隐患；C不合格
【材料】 【围护】	□玻璃（　　）；□木门窗（　　）；□金属门窗（　　）； □电动门窗（　　）。 □纱窗（　　）；□窗帘盒（　　）；□内窗台（　　）。
备注	
照片	

【第七部分】电气	
查验选项	质量标记：A合格；B存在隐患；C不合格
【电气设备】	□电线（ ）；□开关插头（ ）；□电表（ ）； □楼宇自动（ ）；□报警器（ ）；□照明灯具（ ）。
备注	
照片	

【第八部分】给水排水	
查验选项	质量标记：A合格；B存在隐患；C不合格
【供水】 【排水】 【盥洗设备】	□供水管道（　　）；□五金配件（　　）；□水表（　　）。 □排水管道（　　）；□地漏散水（　　）。 □洗浴设备（　　）；□卫生设备（　　）；□排风扇（　　）； □太阳能热水器（　　）。
备注	
照片	

【第九部分】暖通	
查验选项	质量标记：A合格；B存在隐患；C不合格
【采暖】 【空调】	□散热器（　　）；□散热器罩（　　）；□采暖管道（　　）。 □通风管道（　　）；□空调设备（　　）。
备注	
照片	

【第十部分】附属间	
查验选项	质量标记：A 合格；B 存在隐患；C 不合格
【功能房】 【结构房】	□储藏室（　　）；□地下室（　　）；□车库（　　）。 □夹层（　　）；□阁楼（　　）。
备注	
照片	

【第十一部分】其他	
查验选项	质量标记：A合格；B存在隐患；C不合格
【厨房设备】 【室内围护】 【室内楼梯】 【阳台】 【走廊】 【壁炉】	□燃气管道（　　）；□燃气表（　　）。 □隔墙（　　）；□软包（　　）。 □楼梯面板（　　）；□栏杆扶手（　　）；□台阶（　　）。 □阳台（　　）；□平台（　　）；□露台（　　）。 □走廊（　　）。 □壁炉（　　）。
备注	
照片	

参 考 文 献

［1］ 王宏新，赵庆祥. 房屋查验（验房）实务指南［M］. 中国建筑工业出版社，2011. 2.
［2］ 宋广生，丁渤. 验房师手册［M］. 中国建筑工业出版社，2008. 5.